[韩]姜在允 著
金莲兰 译

木炭拯救生命
——徐徐揭开的秘密

[修订本]

中国地质大学出版社有限责任公司
ZHONGGUO DIZHI DAXUE CHUBANSHE YOUXIAN ZEREN GONGSI

图书在版编目(CIP)数据

木炭拯救性命：徐徐揭开的秘密/(韩)姜在允著；金莲兰译.
—2版. —武汉：中国地质大学出版社有限责任公司，2011.4

ISBN 978-7-5625-2603-2

Ⅰ.①木…
Ⅱ.①姜… ②金…
Ⅲ.①木炭—基本知识
Ⅳ.①TQ351.27

中国版本图书馆 CIP 数据核字（2011）第 042996 号

| 木炭拯救生命 | [韩] 姜在允 著 |
| ——徐徐揭开的秘密 | 金莲兰 译 |

责任编辑：谌福兴	责任校对：张咏梅

出版发行：	中国地质大学出版社有限责任公司(武汉市洪山区鲁磨路388号)
电话：(027)67883511	传真：67883580	E-mail：cbb@cug.edu.cn
经　　销：	全国新华书店	邮编：430074	http://www.cugp.cug.edu.cn

开本：880毫米×1230毫米 1/32	字数：240千字	印张：11.125
版次：2011年4月第2版	印次：2011年6月第1次印刷
印刷：湖北睿智印务有限公司	印数：1—2 000册
ISBN 978-7-5625-2603-2	定价：36.00元

如有印装质量问题请与印刷厂联系调换

木炭

你可见过淋雨的麻雀吗？
多么寒酸又多么地可怜无助
世界进入21世纪，可谓文明进步发展
可你不妨环顾我们的周围
到处是污染的空气、恶臭和噪音
还有充斥地球每个角落的电磁波
钢筋混凝土墙壁、时髦的涂料和合成板材
喷吐形形色色外衣的有害化学物质……
披着发展的物质 有人类肆意破坏自然
而今死亡似乎存现 然覆盖到
人类赖巨大恰代 最后文明空间——理应温馨的卧室
面对其向我们淋 雨的麻雀
何特绍早已生 父母无奈 何其可怜无助！
介古覆盖命的 世乡亲、兄弟姊妹
太那塞在新千 缸的尸地鬼 丢弃在脑后的
塞护佑撇还 年薄邪 木炭
护撇还有我 瘠先千 前永恒炭棒
撇还我们那 驱逐人古 禁绳不腐的木炭
还我们那堪 去 炭粉明白木炭的勃勃生命之力
我们那堪称 炭块的神秘
那让我们亲自去体验，亲自去领略吧

序 言

曾经被我们丢到脑后的黑乎乎其貌不扬的木炭,为了从尖端科学时代可怕灾难中拯救人类,重新来到我们身边,这不能不说是令人啼笑皆非的事。曾经是人类贴心朋友的木炭,受无异为公害集成体的方便快捷的化石燃料的挤兑,被丢弃在岁月的风尘中,数百年来备受冷落。

可是,是珍珠总是要发光的,木炭所具有的天赋的卓异功效重新被认识,作为21世纪令人注目的天素材料闪亮登场,也算是平反昭雪吧。

说起来木炭只经过单纯的烧制过程,一不需要科学加工,二不需要尖端技术,可谓是遍地皆是、唾手可得。那些丢弃在一旁的木屑废料,只要烧成木炭,就能脱胎换骨,成为千年不腐的宝,作为抵御环境之灾的净化剂、解除积淀在体内的毒素的解毒药,拥有起死回生的神秘功效。可是,假如我们把木头埋在地下,就会被微生物所分解,生成沼气,而在空气中燃烧,则会放出二氧化碳,从而污染地球环境。

可是一旦烧成了炭,不仅材料获得半永久性生命,且无危害环境的负面产物,真可谓有百利而无一害。具备了健康材料的绝对条件,这是木炭最可宝贵的特点。虽然作为燃料其作用非常有限,但发挥这一特点的新兴产业在日益得到扩展,木炭正被广泛应用到以保健制品为龙头的环境保护、农业、水产业、食品加工、畜牧业、医药品等广泛领域,作为环境净化材料、健康住宅建材和防病治病材料备受青睐。木炭应用领域的不断扩展,是由于它作为天然材料,具有现代科学合成的任何其他材料所无可比拟的卓异功效。木炭所具有的这种自然的天赋的神秘功效,其实早已被我们的祖先慧眼独具地发现和应用。为了让亲人的尸体千年不腐,覆盖木炭;为新生儿拉起木炭禁绳;放在酱缸里既防腐又调味;种土豆沾炭粉;用炭粉擦拭祭器;放在井水里当净水剂;直接食用净肠健胃等等:种种充满智慧灵光的用法令人叹为观止。

由于现代文明片面追求批量生产和方便舒适,弄得都市成为钢筋混凝土之林,住宅成为化学制品展示台,室内成为喷吐有害化学物质的毒气室。不仅如此,在追求健康的道路上走入误区,吃下去和喝下去的几乎全部是毒品。能够净化有毒环境,解除积淀在我们体内的毒素的救星便是木炭。

对那些认定医院和药品才是健康守护神的人们来说,再鼓吹木炭的神奇也有可能是对牛弹琴,但是切不可忘了人类作为自然的一部分,却以自己违背自然规律的生活方式以及破坏自然的代价,正在深受其害,而这种危害只能靠自然本身来消除。来自自然的木炭堪为自然对人类最后的宽容和祝福。

恳切希望读者能够通过拙著了解到木炭的神奇效用,并学会把它应用到日常生活中,营造健康快乐的人生。

著者启

2003 年 8 月

目 录

第一章 震惊世界的木炭的神力 …… 001
- 一 马王堆古坟出土的千年古尸 …… 003
- 二 海印寺八万大藏经的保存 …… 007
- 三 荣州金钦祖掌礼院判决事遗体的保存 …… 008
- 四 死亡140年的日本木乃伊的发现 …… 011

第二章 祖先活用木炭的智慧 …… 015
- 一 为新生儿拉上禁绳的防疫的智慧 …… 017
- 二 任时世变迁,酱缸放炭依然不变 …… 018
- 三 盖炭灰保存火种的手炉 …… 019
- 四 将炭灰当作亮光剂擦拭祭器 …… 020
- 五 将炭放入水井的智慧 …… 021
- 六 将洪鱼埋入炭灰发酵的风味食品 …… 022
- 七 放木炭养豆芽 …… 023
- 八 用刀切开土豆,沾灰下种 …… 024
- 九 往粪尿撒上灰,防止蛆虫的滋生 …… 025
- 十 仓房里放上木炭袋子,防止粮食变质 …… 026
- 十一 埋设木炭作为地界、宅界 …… 027
- 十二 将木炭当做家庭常备药品 …… 027

V

第三章　木炭的特点及基本知识 …………… 029
- 一　你了解木炭吗? ………………………… 031
- 二　木炭的原材料 ………………………… 032
- 三　木炭的种类 …………………………… 033

第四章　木炭的基本功效和作用 …………… 075
- 一　木炭具有优异防腐作用 ……………… 077
- 二　吸附并除去异味 ……………………… 078
- 三　既可吸收湿气,又能排放湿气 ……… 080
- 四　过滤和净化污染的空气和水 ………… 082
- 五　"空气维他命",增加负离子 ………… 085
- 六　远红外线放射效果 …………………… 100
- 七　原原本本保留着树木的生长矿物质 … 104
- 八　阻隔有害电磁波,吸附放射性氡 …… 105
- 九　木炭对疾病的疗效 …………………… 112

第五章　不断扩展用途的神奇木炭 ………… 115
- 一　只须放在屋里就有效 ………………… 117
- 二　地下空间放炭,净化空气 …………… 128
- 三　新屋症候群让家人备添烦恼(住原病) … 129
- 四　把木炭放进水里会怎样呢? ………… 146
- 五　把木炭引进饮食文化 ………………… 150
- 六　睡眠中获得健康的木炭活用法 ……… 158
- 七　木炭美容护肤品 ……………………… 168
- 八　木炭餐具 ……………………………… 169

九	木炭衣物	169
十	炭道高雅的作品世界	169
十一	炭饰物和炭宝石加工	170
十二	木炭在医疗设施方面的应用	171
十三	寺庙和修道设施的木炭应用	172
十四	木炭——健康住宅的好建材	173
十五	借助木炭,营造永久健康住宅(埋炭)	174
十六	埋炭农法	186
十七	勇敢面对农产品进口开放的人们	188
十八	木炭应该到家畜饲料	194
十九	海水、淡水养殖场的木炭应用	195
二十	小猫钻灶坑和炭窑汗蒸	195
二十一	可望应用木炭功效与特点的领域	198

第六章 木炭拯救地球环境 …… 201
一 防止地球气候变暖的木炭 …… 203
二 呵护因酸雨枯萎的树林 …… 205
三 往耕地撒炭的21世纪新农法 …… 207
四 净化被污染的河流的木炭 …… 209

第七章 木醋液、木焦油、灰 …… 213
一 木醋液(竹醋液) …… 215
二 木炭副产品木焦油 …… 250
三 木炭副产品炭灰 …… 252

第八章 饱受污染威胁的健康以及木炭 …… 255

一　环境荷尔蒙堆积在我们体内 ………………… 257

二　人类身受有害食品威胁的调查事例 ………… 260

三　有害物质被人体吸收及木炭的解毒作用 …… 266

第九章　炭粉疗法 ………………………………… 271

一　炭粉疗法的历史 ………………………………… 273

二　公认的药用炭 …………………………………… 276

三　炭粉特点 ………………………………………… 276

四　炭粉疗法主要疗效 ……………………………… 277

五　炭粉疗法的作用 ………………………………… 278

六　服用炭粉可治疗的疾病 ………………………… 280

七　炭粉外用疗法 …………………………………… 284

八　炭粉服用方法和注意事项 ……………………… 286

九　炭粉疗法疗效的背景研究 ……………………… 289

十　炭粉疗法体验事例报告 ………………………… 291

十一　血液中的排毒机制 …………………………… 294

十二　炭粉湿布（膏）使用法 ………………………… 295

十三　改善异位性皮炎的木炭排毒疗法 …………… 298

十四　木炭和竹盐的还原水清洁肠道——消除宿便，减肥有特效 …………………………………………… 303

十五　药用炭防治牙周疾病 ………………………… 306

第十章　药材炭疗法 ……………………………… 309

一　对药材炭的理解 ………………………………… 311

二　中国实用中药学中的药材炭疗法事例 ………… 312

三　竹子药材炭疗法 …………………… 314
四　茄子药材炭疗法 …………………… 317
五　柚子籽药材炭疗法 ………………… 318
六　昆布药材炭疗法 …………………… 326

第十一章　应用木炭功效的产品 ………… 333

参考文献 …………………………………… 341

第一章

震惊世界的木炭的神力

◀ 大藏经板殿内部

海印寺藏经阁里保存着举世闻名的高丽大藏经经板

一、马王堆古坟出土的千年古尸

▶ **被木炭覆盖着,2100年完好如初的遗体**

1972年,在中国湖南省长沙市郊以东大约4km的丘陵地带,发掘出约2100年前的西汉年代的古坟(马王堆一号汉墓)。

出土的女性遗骸尽管长眠地下2100多年,但全然没有腐烂,所呈现的状态同死后第4天的状态一般无二,这堪称是人类历史上空前绝后的奇迹了。其面庞滋润如生前,呈淡黄色,皮肤犹有弹力,用手指按压,马上能恢复原状。往动脉注入防腐剂,竟然像活人般徐徐流遍全身,甚至连脚趾头的指纹和皮肤毛孔亦清晰可辨。据说其内脏也同刚刚死亡的尸身一样,保存完好。

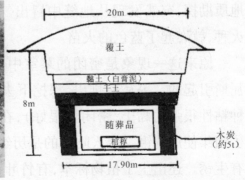

从四层阶梯的高度可推测墓葬的规模

其死因可推断为患狭心症,痰多攻心而致,查其内脏判明死者生前患有心脏病、肺病和胆结石等疾病。经解剖发现胃中残留着死亡之前食用的176粒甜瓜籽,撒入土中竟然发了芽。肠内还有蛔虫的死骸。死亡当时的年龄为50岁左右,身长大约为154cm。

这一举世罕见的考古新发现震惊了世界,当时世界100多个国家的媒体曾竞相予以报道。

▶发掘的痛苦与喜悦

当1972年1月16日开始发掘马王堆一号汉墓时,就发现这一古墓葬为一个巨坟,仅入口就为南北19.5m,东西17.8m,其挖出的土堆蔚为壮观。

据说是为了对付1971年冬天的中苏纠纷,深挖防空洞促成了这一举世震惊的考古发现。

当时,湖南驻军长沙医院,为了盖地下病室和手术室作地质勘探,突然发现从地缝中冒出气体。这一气体一接触火种,就燃起了蓝色的火苗。

原来这一现象是密闭的墓室中,随葬品被分解产生的瓦斯引起的。等瓦斯排出,深挖下去,开始出来白膏泥(一种粘性很强的黏土,密闭性很好),在覆盖墓室的土中露出了当年使用的锹。令人吃惊的是历经2 100年,铁锹竟然没有生锈。还出土了植物标本,有竹叶和竹雕,那竹子兀自带着新鲜的绿色。在白膏泥底下有多达5t的木炭覆盖着巨大的棺木,让挖掘现场一片喧腾。

揭开面纱的女尸侧影

等清理了木炭,就显出了巨大而完整的木椁的棺盖,上面覆盖着竹席子。挖掘者们望着历经了 2 100 年岁月完整保存下来的木椁,沉浸在神秘的喜悦当中。

这一事实见诸报端之后,慕名而来的观众如云,政府就整理尸身和出土文物予以展示,一天的参观人数竟达 14 000 多。据不完全统计,至今已有 900 多万人次参观了马王堆出土文物,其中包括总统、总理等国家首脑 20 多人,各国外交官员 100 多人以及各国代表团、访问团及学术团体人士 4 000 多人。1980 年以来,马王堆部分出土文物还到日本、美国、法国、荷兰、台湾、香港等地进行了巡回展出。

▶华丽的古代贵族文化遗物的挖掘

古坟里出土了色彩绚丽的漆屏风、漆柜、绣花枕头和首饰盒。两个大箱子旁边出土了 23 个美丽的木俑,其中的几个身披着绸缎长袍,双手恭敬地合掌,仿佛随时要听从女主人的差遣一般。此外,还有着弹奏乐器的 5 个乐俑和 8 个歌舞俑。箱子中间有盛酒的漆盅、漆钫、漆壶和漆耳杯等，还放有摆放器皿的漆案。

墓室内原原本本地再现着墓主（侯夫人）生前用餐的场景。据说，马王堆一号汉墓出土的184件文物，其保存状态均为良好，其数量也比随后发掘的马王堆2号、3号多得多。

马王堆本是一个名不见经传的小城，随着1972年马王堆一号汉墓的发掘一时名声大噪，成为国际知名地方，且其出土的文物也因繁多的种类，几乎要改写中国考古学历史。

马王堆文物不仅在考古学上占有举足轻重的地位，而且对古文献学、器物学、纺织学、中医学、地志学和中国古代艺术史、汉初丧葬制度、汉初防腐学等汉代早期文明的研究有着宝贵价值。

出土的木炭（实物）

▶神奇的秘诀就是木炭

在这一墓室周围覆盖着多达5t的木炭，可见古人早已有了在物体的长期保存方面借助炭素之力的智慧。

木炭具有出色的吸湿作用,木炭的炭素成分集聚许多电子,形成负离子层,并利用还原作用起到了良好的防腐作用。再现2100年前的状况,创造无与伦比的奇迹和欢乐的主角就是不起眼的炭素块——木炭。

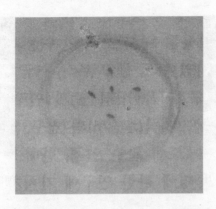

尸身胃中的甜瓜籽(实物、中国一级文物)

二、海印寺八万大藏经的保存

▶旨在保护八万大藏经的木炭使用记录

"为了建造板库,在大寂光殿后面高坡筑起高台。据后来的师僧见闻,挖掘院子里发现埋有成块成片的盐和木炭。"据说,这样打造地基之后盖起了板库。

"藏经阁是公认的旨在保管经板的科学而完美无缺的

杰作。为了保证保管大藏经所必需的湿度和通风条件,选择土质良好的场地,用木炭、白灰和黏土打好地基,以便湿度能够得到自然调节。"

"地面用泥土、盐和木炭层层垫铺而成,据说是考虑到自然通风和调节湿度。"

(左)保管着8万大藏经的海印寺藏经阁,在建造藏经阁时在地下埋下了大量木炭。
(右)就是靠着木炭的神力,才使得8万大藏经安然无恙。

三、荣州金钦祖掌礼院判决事遗体的保存

▶发掘的契机以及遗体、遗物的挖掘

1998年3月,地处荣州—安东国道扩展工程区段的荣州市里山面云文里山146-1号,迁移曾在朝鲜朝中宗年间任掌礼院判决事的金钦祖先生墓葬时发现该墓用木炭覆盖着,使得故世470多年的金钦祖先生的棺椁保存良好。

遗体的下体部分没有腐烂，遗体和随葬品完好如刚刚下葬之时。出土的随葬品有服饰类 30 余件、纸质挽联和祭文各 19 张、白瓷碟、白瓷瓶、青瓷、铁制剪子和玻璃珠子等共计 131 件。荣州市为了此合葬墓的学术研究和出土文物的保存，花费巨资请安东大学博物馆指定专门人员进行发掘，并把出土文物分为七大类进行专门研究。经过研究整理，于 1998 年出版长达 326 页的《判决事金钦祖先生合葬墓发掘调查报告书》。该出土文物准备在刚刚竣工的荣州顺兴面博物馆永久保存。

▶ **墓椁和木炭的布置**

先生的墓葬为夫妻合葬墓。从墓葬前方看，右侧（北）为金钦祖先生的棺椁，左侧（南）安放着其夫人郑氏的棺椁。

在离表土 268cm 处显出灰椁，揭开厚度 15cm 的灰椁上盖就露出了木棺盖。灰椁四周和底部充填着厚度约 15cm 的木炭。金钦祖灰椁周围四面和上下均有木炭，其厚度为

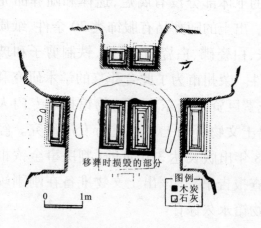

遗柩挖掘整体平面图

身长处的长壁为15cm、头部和脚部的短壁为20cm,上下两面为15cm。

夫人郑氏的灰椁稍有不同,与丈夫的灰椁相接的北面长壁,因土壁和灰椁紧贴着而没有木炭,其余三面均填满了木炭。

由此可见,丈夫的棺椁六面全用木炭覆盖着,而夫人的棺椁,与丈夫的棺椁相接的地方没有木炭,为不大完整木炭覆盖。想来这是因为预先挖好的墓坑的宽度稍为不够,放进两口棺椁后一面没有空隙放入木炭之故。想来当时挖墓坑是丈夫在先、夫人在后。从受损的墓坑壁上残留的痕迹推断,可确认灰椁上面也曾铺有大约15cm的木炭。

此墓在着手挖掘工作之前,被公路工程的重装备损毁了一部分,这可谓是令人惋惜的损失。

▶墓的结构及国朝五礼仪

金钦祖夫妻合葬墓堪称忠实履行朝鲜朝成宗5年制定的墓葬葬材规定"国朝五礼仪"的典范。当时在国朝五礼仪第八卷凶礼大夫士庶人丧一节明文规定有木炭使用法。下面为其主要内容:

先挖坑,然后把炭粉铺在坑底,其厚约7~10cm,然后把石灰、细沙和黄土配成的混合土(灰3沙1黄土1)铺在其上,同为7~10cm厚,然后将棺椁安放在中央。接着在四面将以上4种粉末环撒棺椁四周,此时须用薄板相隔,以便让炭粉在外,三合土在里,其厚度同上。等充填完毕,将薄板轻轻抽出,以便减少缝隙,然后继续用炭粉和三合土等覆盖,待其和棺椁持平时停止。(木炭能够抵御树根、水和蚂蚁,石灰同沙土结合则能凝固,经年累月能坚如磐石,昆虫和盗墓贼都不能侵入。)

朴佑挽词

四、死亡140年的日本木乃伊的发现

在日本古墓中可见在内部筑造号称炭椁的另室,用于保存遗骸的例子。其中在日本北部青森县弘前市长胜寺发

现的身为弘前藩(诸侯领地,相当为如今的县)藩主养子,17岁夭折的津轻承祜的遗体保存得尤为完好。其尸身三重椁周围均围绕着木炭和石灰,中间则填充干茶叶作为干燥剂,致使尸体木乃伊般完好无损。在此遗体发现后41年,其后人不忍先祖的遗体供人参观,便把尸体郑重火化。

津轻承祜木乃伊埋葬图

此外日本还在文书、经典和衣类的保存方面也使用过木炭埋入法。值得注意的是并不是每次的保存都能收到如期效果。在不考虑场所、温度和周围条件的情况下也不乏失败之例。这一点也从反面告诉我们,只有考虑到诸要素、诸项条件埋设木炭,才能收到马王堆古墓般神奇的效果。

以上提到的利用木炭的卓越防腐作用保存遗体的智慧,多应用于东方诸国,特别是中国、韩国和日本掌握这门技术最为得心应手。可以看出以上三国从古代起,就在高贵的人的墓葬棺椁的底部及四周填充了大量的木炭。而韩国在成宗 15 年制定的葬材正式规定"国朝五礼仪"中,把木炭作为规定的葬材加以制度化。

　　古代的先人竟做到了现今的尖端科学所无法做到的事情。古人的智慧真是令人钦佩不已。而今木炭净化空气和水的作用已得到科学认定,且得到越来越广泛的应用。但是笔者敢说,千年古尸竟完好如几日前所亡,诚为木炭神秘的力量持续作用之故,而这一点至今未能得到科学证明。因此木炭的功效并不仅仅是诸如净化空气、消臭之类的枝叶性的,而定然有着现代科学尚未破译的自然的秘密,这有待我们去感知、去领会、去揭示和发扬光大。

第二章
祖先活用木炭的智慧

一、为新生儿拉上禁绳的防疫的智慧

在那缺医少药的年代,孕妇的生产可谓是性命悠关的大事。当时不乏产妇因产后调理不当而丧命的事。在那种恶劣的卫生条件之下,我们的祖先想出用木炭拉上禁绳,防止闲杂人出入产妇房间,这堪称是富有科学性的创意。

在没有科学分析和化验设备的年代,说古人已对木炭产生负离子净化空气和除湿、消臭等等功能了如指掌,当然是牵强附会的。我想可能是期盼千金贵子能够无病无恙的祖先的拳拳心意,引发了拉禁绳的智慧。笔者还记得小时候"八·一五"光复前后,全村流行霍乱,整个村拉上禁绳,禁止出入的景况。此外,像天然痘、伤寒等非卫生的环境引起的传染病不时蔓延,有些人家甚至要等到孩子长到两三岁才报出生。

　　生产的家庭拉上禁绳,有着向行人或村上的人通报防疫区的意思,通常产妇的房间除了最亲近的家族之外不许外人出入。干农活接触粪尿或肥料的人,怕他带给产妇病菌引起感染,而那些进出过丧家或有过什么前科的人,则怕带来什么邪气,统统在禁止出入之列。现今由于医学的发展,再也不见拉什么禁绳了,但不可否认拉禁绳分明是洋溢着我们祖先智慧的科学措施。同样的禁绳也要拉在产下小牛的牛棚或酱缸旁边。

二、任时世变迁,酱缸放炭依然不变

　　在发酵技术空前发展的今天,酿造大酱、酱油该有许多便当迅速的方法了,可我们的祖先发明的酱缸放炭的古老的酿造法兀自超越时空俨然延续至今,可见其不可替代的魅力和优势。说起来,这个秘诀也是非常科学的。

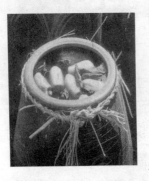

　　仔细观察,是可使大酱均衡发酵的木炭的远红外线放射、有防腐效应的负离子效果、能够吸附不纯物质的多孔质结构等多种功能融于一体,起着酿造美味大酱的作用。忽然想起一句老古话:"品了大

酱,便知那家饮食功底。"可知大酱在我们的饮食生活中占据多大的位置。正因为这样,我们的祖先当提心吊胆,生怕酿出苦涩而变味的大酱,才找出酱缸放炭的秘诀的吧。

三、盖炭灰保存火种的手炉

想当年人类第一次得到火种的时候,曾为保存火种搜肠刮肚、绞尽了脑汁。

我们的祖先有着将炭火放在手炉,覆盖灰(炭灰)保存的智慧,才得以按时做早饭,保持铁匠炉火种不熄。想起来,找到这简便有效的方法之前曾有过无数的彷徨和失败。假如用沙子或土覆盖,那火将很快熄灭,那么灰怎么会使火种长时间不灭的呢?

据笔者研究,因为灰有着助燃性、保温性以及轻微的通气性,作到恰如其分的氧气调节,才能很好地保存火种的。

而且,灰里含有钾成分,这个钾起着一定的助燃作用,也是保持火种不灭的原因之一。

四、将炭灰当作亮光剂擦拭祭器

当今,亮光剂可谓应有尽有,连小铺、地摊也有的是卖的,可在没有合适的工业产品的古代,在节日或祭祀的时候怎样把祭器擦拭得一尘不染,该是我们的母亲和妻子煞费苦心的课题了吧。

当时常用的是黄铜器皿,而使用过的黄铜祭器会变色,不擦拭就不能用。我们的亲人想必用尽了种种办法,才找到用炭灰擦拭这一既简便又有效的方法。把稻草团成一团,蘸上水再沾炭灰一擦,很快就会油光锃亮。笔者还记得当年临近祭祀祭器犹绿锈斑斑,母亲拿着进厨房,不到一袋烟的工夫就变戏法似地捧出亮可鉴人的器皿了。笔者认为这种效果想必是炭灰中含有的钾融于水,形成碱性水溶液,起到洗净作用的缘故。需要就是发明之母,我们的母亲因为需要才苦心积虑想出这个办法的吧。

现今,将炭作为研磨剂的例子可举漆器研磨、金属研磨、印刷用铜版研磨、精密器械的磨光、钻石曲面研磨、镜头研磨、IC 主板的研磨和牙齿研磨粉等。

五、将炭放入水井的智慧

大凡挖井自然要选择水量充沛的地点。雨水下到地面自会渗入地表,经层层自净和过滤达到深层。可是渗入地下的水并非仅仅是雨水,形形色色的水会通过不同途径流入地下。

因此,即便是地下水也难免有污染,也会有不宜饮用的

水,而且,还会有一定数量的积水。把石子和木炭放入井水,进行净水处理的智慧是我们的祖先又一出类拔萃的木炭应用方法。可见,在没有净水器的年代,光用木炭,祖先们也饮用了决不次于今天的优良净化水。

把木炭放进井里,不仅能净化水,而且其远红外线能够使水分子变小,加速水的体内吸收,让其变成电子水,成为推迟氧化的还原水,足见祖先们拥有让今人汗颜的生活智慧。

如今在全国的登山路上也不乏井水,我们不妨效法祖先,往里放炭,改善水质、增进健康,可惜尚不见动手实践者。

六、将洪鱼埋入炭灰发酵的风味食品

曾有难忘的记忆,吃一口发酵洪鱼,使堵塞的鼻孔豁然通气,觉得世上再无如此美味的食品。如今真正懂得饮食文化的美食家,尚喜爱这一口,因为要佐以浊酒才能品出真味,所以号称"洪浊"。由于现今的年轻人不大喜欢发酵的洪鱼味道,洪鱼菜肴也随着时代的变迁开始调理成洪鱼凉拌或清蒸洪鱼。

在20世纪60年代洪鱼盛产于黑山岛等地,曾是人们在小酒家毫

无负担地享用的下酒菜之一。可是现在几乎捕捞不到,弄得一条鱼竟卖上三四十万韩元(一万韩元约合人民币70元)的天价,平常算是很难再尝到正宗洪鱼了。

如今几乎尝不到我国出产的洪鱼,时而能见到智利产洪鱼,但已不足以回味当年洪浊的真味,聊补绵绵乡愁了。

七、放木炭养豆芽

用农药培育的豆芽充斥市场的报道见诸报端已有20多年,而农药豆芽据说尚未绝迹,现在算是到了吃饭都让人不安的年代了。

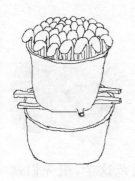

我们的祖先生活在想都不敢想豆芽工厂之类的名词的年代,充其量找来底部抠上几个洞眼的陶缸,在下面铺上一层布,然后再放些稻草灰,以起到既消除黄豆特有的腥味,又能防止豆芽过密而中间发热烂掉的作用,而且,草灰还含有植物三大要素之一的钾,能促进豆芽生长。

一般要用一个广口的陶盆,盆上放上木帘子,再把陶缸放在陶盆上面。陶缸要放在可保持温度的房屋一角,进进出出要洒上一瓢水。因为要重复使用陶盆的水,所以实际上等于用溶解有草灰含有的矿物质的营养水养豆芽。

草灰放出的负离子可使豆芽免遭生长热引起的沤烂,而且放有草灰的豆芽因为生长在电磁水中,能够在流通过程中较为长久地保持新鲜度。吸取古人这种经验,某大学科长白元烨君发明了用木炭培育无公害豆芽的方法,已取得专利权。众所周知,木炭的消臭、负离子生成等功效远远高于草灰,这一发明堪称古为今用的典范了。

八、用刀切开土豆,沾灰下种

儿时在农村生活过的人们也许还记得怎样种土豆的吧。你们可曾记得用刀把土豆切成一颗颗种子后沾上厚厚的灰吗?那么,为什么要沾上灰呢?

这里同样闪耀着我们祖先的生活智慧。

他们摸索出把灰应用到种田的路子。土豆堪称是营养丰富的作物。如果毫无防范地种下去,岂不成了土壤中众多的土壤微生物的美餐!为了防范这个,祖先们就摸索出了沾灰的方法。

100g土豆中大约含有糖分17g、蛋白质2g、脂肪0.15g、纤维0.5g、钙5mg、磷43mg、铁0.5mg、维生素B1 0.05mg、维生素B2 0.03mg、维生素B5 1mg、维生素C 15mg,对土壤

微生物来说这该是求之不得的高级营养品。

通常每1g耕地土壤里栖息着5亿到20亿的细菌。假如不在土豆的横截面沾上灰,肯定会成为微生物的摇篮。土豆为微生物献身,那指定没有营养供应自己的宝宝,土豆不会发芽该是洞若观火的了。

好在微生物无法抵御灰含有的强碱性,所以灰对土豆种算是起到了杀菌、消毒和防腐三大作用。也许有人要问,何必要切块,干脆囫囵个儿种下去不就行了。其实,把土豆切成好几块是为了增加种子数目,而且每一小块带有的营养足够使土豆种发芽。同时,种下成块的土豆,会长出好多芽,最终会拧在一起,反而会影响到产量,所以我们的祖先才选择了把土豆切成好几块下种的作法。

九、往粪尿撒上灰,防止蛆虫的滋生

那些老式的野外简易厕所或山刹粪坑很深的厕所以及那些露天的只有两个踏板的厕所,无一例外地恶臭冲天,伴随着刺鼻的气味,还会爬满蛆虫。这种时候有点智慧的山刹厕所或露天厕所的管理者们自会积攒灰,把灰撒在厕所里有效地防止恶臭和蛆虫。他们怎么会想到撒灰呢?想来我们的祖先在长期的生活中摸索出在强碱环境中蛆虫无法生存的道理了吧。因为灰有着杀菌、消毒和防腐作用,任无处不生的蛆虫也不会有立足之地的。

十、仓房里放上木炭袋子,防止粮食变质

在过去农耕时代,谁握有仓房的钥匙,谁就算掌握了家庭的经济大权。正因为如此,过去的老婆婆们但凡自己能动弹,就不肯把手中的钥匙交给儿媳妇。仓房可谓是居家过日子的宝库,一年收获的五谷杂粮自不待说,连留着换零花钱的鸡蛋也要保管在仓房。无论是子女、儿媳妇,还是使唤的下人,没有掌握钥匙的人的允许,不得从仓房取出一针一线。只有调度好仓房的粮食,才能顺利地度过春荒,还会筹措好红白喜事的用度。大凡这样的仓房,通常都是些潮湿、空气流通不畅的去处,为了防止粮食或其他食物的变质,才有了仓房放炭袋的方法。

人们充分发挥了木炭防湿、除臭、防腐等效应,用作仓房粮食等的保管材料。

笔者听说我们的邻国日本为了防止库存粮食的变质,也在往仓房放炭,据说他们放在仓房地板下面。我国也应发扬古人的这种智慧,可惜尚未听说哪家粮库采用这种简便易行的办法。

十一、埋设木炭作为地界、宅界

假如用木桩或界石表示地界的话,有移动的危险,为今后的纠纷留下口实。作为提前防止这种情况的方法,可在地界或宅界埋下木炭。因为木炭是千年不腐的天然材料,而且颜色深黑,能够跟泥土明显区分开来,就不会产生不必要的纠纷,而且,木炭价格低廉,随处可见,也是当时的人们采用木炭做疆界材料的原因之一。

十二、将木炭当做家庭常备药品

即使是在缺医少药的古代,居家过日子也得备一些常用药品,总不能有个头疼脑热就去找大夫吧。人们苦心积虑地寻找方法,就想出了采取灶坑的烟子当止泻药、净肠剂和解毒药的偏方。就是在今天,随着环境污染和食品污染的增多,越来越多的家庭备一些松木炭,研成粉,作为解毒、净肠之用。

民间偏方　炭粉(松木)

第三章

木炭的特点及基本知识

▲现今已不常见的山沟炭窑的炭帘

第三章

一、你了解木炭吗？

作为木炭原料的原木是由木质素（纤维素、半纤维素）和碳素、氢等物质组成的。将原木加热，就会在260～700℃之间被炭化，由于加热，碳素的量也会增加。

假如在缺氧或无氧状态下加热，在300℃左右开始急剧分解，二氧化碳、一氧化碳、氢气和碳化氢就化为气体，边挥发边发生炭化。

由于没有空气，这气体就不会着火，而会变成小小的炭结晶不规则地排列的无晶型碳素，就这样经过炭化，形成多孔质，成为木炭。

在篝火等明火中烧剩下来的木炭，是在有空气的地方炭化的，是挥发性气体燃烧形成的。这种气体不同于炭窑中的不燃气体，是可燃性气体。

与篝火中的燃烧后残留的气体不同，木炭是气体成分挥发后剩下的材质炭化形成的硬质组织。换句话说，木炭可说是把作为原料的木材除去烟尘而成，而且，木炭由无数细小的多孔质组成，大量氧气渗透进木炭内部，所以比木材更容易燃烧，其火势也更为长久。

过去在家里一般采用将灶坑中的正在燃烧的木柴或木拌子装进缸里，盖上盖，造出木炭。这样造出来的家制木炭，虽然易燃，但不经烧。应该说，它有别于经过正确的炭

化过程的真正的木炭。经过炭化的木炭由碳素、氢、氧和灰分等成分构成,呈弱碱性。若用三要素作出定义,木炭的特点可说是木材等有机物炭化的非结晶型碳素、炭化形成的微细多孔结构和保存木材所含有的矿物质。

二、木炭的原材料

(1) 木材

① 阔叶树:柞枥、柞桶枥、柞木、橡树、栗树、蒙枥、姥目坚、宽叶桦以及许多阔叶树都能充作木炭原材料。根据不同用途,柳树可作绘画用木炭料,厚朴可作研磨用木炭料。

② 针叶树:落叶松、松树、杉木、翠柏。

③ 外国树种:桉树(巴西、南美)、红树(mongrove)(东南亚)、山茶树(中国)、油橄榄(突尼斯)、刺槐(婆罗洲岛)。

(2) 树皮、枝杈、椰子。

(3) 锯末、糠皮。

(4) 竹子。

(5) 废材料:建筑废材、死橘树、死橡胶树、病虫害枯死木、风倒木。

(6) 蔬菜、水果、坚果等所有植物。

(7) 中药材:茄子、桑树、梅实、昆布、苹果、柚子籽、贝壳、动物骨、昆虫等500多种。

三、木炭的种类

（1）白炭与黑炭

我国出产的木炭根据其炭质可分为白炭与黑炭两大类。

两种木炭烧制方式没有很大差异，只是因为烧成后的熄火方式不同，使得木炭质量不同。即便是用同样的柞木烧成，白炭和黑炭在其成分、强度、发热量以及易燃度和持久性等等诸方面均出现不同的特点。

▶白炭与黑炭烧制方式的差异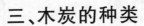

白炭在木炭炭化完成阶段，让外界空气进入炭窑，将原木热分解时产生的气体燃烧起来，在1 000℃左右的高温将接近完成的木炭加以精炼。要密切注视窑内的状况,将烧红的木炭赶紧扒出来,盖上灰土将其熄火。这样烧制出来的炭就叫白炭,因熄火用的灰粉使其表面呈灰白色而得名。

将烧制的木炭,打开火门加热到1 000℃以上后从窑中扒出来,用草灰或沙土等熄火后加以冷却。表面呈现白色。白炭又硬又重,十分耐烧。

在400~700℃之间烧成,烧成后阻断空气,让其自然熄火、冷却。黑炭又软又轻,容易点燃。

白炭

黑炭

而黑炭则在炭化温度400~700℃烧成。这时通常窑底的温度为400℃,窑顶部达到700℃。到了完成阶段,要用石头和黏土密封炭窑的入口和烟囱,就像把炭火放入缸里灭火一样,让其在窑内自然熄火、自然冷却后再把木炭取出来。这样制造出来的木炭就叫黑炭,因为表面并无灰附着,呈黑色,故叫黑炭。

白炭比黑炭炭质硬、强度高、不易点燃,但点燃后火力很强,也不易熄灭,作为燃料适合用于高级烧烤,而且,由于在高温燃烧,完全清除了不纯物质,碳素含量也高,可谓是优质炭,因此柞木白炭多用在净化室内空气等方面。

白炭中尤以所谓的"备长炭"最为高级,其强度坚硬如钻石,竟能用来加工首饰,堪称木炭中的上品。

扒出1 000℃以上高温烧制的木炭熄火的场景(白炭)

(左)黑炭　　　　　(右)白炭(最上品)

第三章 木炭的特点及基本知识

▶白炭黑炭简易区分法

项目	白炭	黑炭
炭化温度	1 000℃以上	400~700℃
熄火方式	高温精练后扒出窑外用消火粉熄火、冷却	在密封的窑内完全熄火、冷却
颜色	外表呈灰白色	完全呈黑色
强度	强度高,炭质坚硬	强度低,易碎
重量	很重	轻,易浮在水上
火力	瞬间火力不高,但能持久	瞬间火力高,但持续性差
点燃	发火点高,为350~520℃(平均460℃)	易燃,为250~450℃(平均350℃)
火力标准用途	烧烤用	用于冶炼金属等
传导性	良好	不可
不纯物含有量	几乎全部消除	多少残留一些
碳素含量	93%左右	65%~85%
主要用途	炊事、净水、洗浴、净化空气、阻断电磁波、健康用品、烧烤用	消臭、调节湿度、工业、农业和畜牧业用
负离子产生	每ml约134个(以柞木炭为准)	不可
磁性实验	很快带磁性	不可
酸碱度	弱碱性	弱酸性

相反,黑炭较白炭炭质软,用作燃料易点燃,易燃烧,能提高到很高的温度,中间不会熄火,所以自古以来常用作冶金或其他工业用燃料。我们的邻国日本常用作茶道用燃料。

目前,已在炭化炉采用现代自动控制方式,以杂木屑、建筑废料等为原材料生产出粉炭、杂炭等,这些物美价廉的炭大量用在除湿、改良土壤等方面。

(2)竹炭

①竹子自古常用作食物(竹笋)和药材。用竹子烧炭古已有之,但正式作为烧炭的原木广为利用还是最近年间的事。因为作为燃料,竹炭较一般的木炭零碎,而且体积大,有不大容易运输的缺陷。

可是,除了用作燃料,竹炭在其他方面却有着优异的性能。它有着放释负离子、净化水、净化空气、放释远红外线、除臭、除湿、抗菌、抗氧化和溶出矿物质等木炭几乎所有的功效。

②竹炭的优异性能和未来的炭资源

烧制竹炭的原木可说是偶尔装点我们的餐桌的竹笋之

父。假如用高温(700℃以上)精炼,就属于白炭范畴,能够导电,发热量也跟一般的木炭一样,达到29 307.6kJ,而且其表面积要比一般的木炭大得多,每1g竹木炭的表面积为700m^2,而一般木炭才300m^2,所以其吸附量也要大得多,而且比一般木炭含有更多的优质矿物质——硅酸和钙。从木炭的原木储量来看,一般木炭用的原木至少需要20~30年生长期,而竹子正像那句家喻户晓的成语雨后春笋,夏天的生长期一天竟能长1m以上,真真势如破竹。不过四五年,就会长成成竹。今后,想要满足不断增长的木炭需要,又要维护我们的森林资源,看来我们只好依靠竹林了。

(3)其他的炭

从蔬菜到水果,几乎所有的生物都能制成炭。下图为几种不大常见的趣味木炭。

(4)炭中艺术品——备长炭

日本引以为豪的木炭制造技术的艺术品备长炭是用柞

枥、青冈或姥目坚等阔叶树烧成的。其中最有代表性的原木为柞木科的姥目坚,主要生长在以日本本土太平洋沿岸和歌山县南部川村为中心的纪州半岛、九州的宫崎、四国的高知等温暖的海岸线倾斜的岩缝中。由于常年遭受海风吹打,树干弯曲,是生命力非常旺盛的常绿阔叶树种。

这种姥目坚,长到10m以上,就会拥有坚硬的材质,适合烧制备长炭。采伐时要选择成木,而这种姥目坚即使采伐了,其根须还活着,很快就会抽出新叶,不过两三年又会绿荫葱茏,堪称是不用重复栽植的天然循环利用的林木资源。

姥目坚五月开花,结鹌鹑蛋大小的果实,对公害有着较强抵御能力,因此日本东京的新宿等地区,常把它用于城市绿化。

备长炭的主要产地以和歌山县南部川村为龙头,有中津村、日置川町、天边市和川边町等。而和歌山县的主要产地当数南部川村,这一地区的备长炭均以纪州备长炭的名义销往各地。此外,四国的高知、南九州的宫崎等县均为备长炭的主要产地。

白炭(备长炭)横截面

纪州白炭之所以叫做备长炭是因为日本江户时代,位于现今的和歌县田边市的木炭批发商备中屋长左卫门从1730年至1854年历时124年全力普及纪州白炭,后世人就采用其名字的略称,把纪州白炭称作备长炭。

装饰品、化妆品等把创品牌的人的名字品牌化倒很常见,但黑黑的木炭竟能品牌化,足见备长炭大名鼎鼎,经久不衰。

备长炭具有别的木炭所无法比拟的坚硬的材质,因为是在1000℃以上的高温炭化而成,所以碳素含量很高,用作燃料有着石油、煤气、电力等单调的热源所不具备的独特的火力,其横截面有着金属光泽,互相撞击发出铿锵的金属音。

备长炭硫磺成分很少,燃烧时不会发出令人不快的异味,其含氢量在1%以下,燃烧时与空气中的氧气反应,所产生的水分量极少,所以用作烧烤能做到又香又脆,口感极佳。

燃烧时火苗柔和,能够保持不太高的适宜温度,所以既能防止烧烤的食物蛋白质分解,又能增加谷氨酰胺酸,使其更加可口、富有营养,因此牢牢占据着日本烤肉、烤鳗鱼、烤肉串的首选燃料之席。

我们经常可以看到深谙经商之道的日本商人,大书特书"纪州备长炭使用店"的招牌招徕客人。名闻遐迩的备长炭于1974年4月被确定为和歌山县无形民俗文化遗产。

由于日本备长炭的优异性能以及资源有限带来的价格上涨,使备长炭的价格愈加昂贵。如今,大都在中国南方地区用日本技术制造备长炭,再返销到日本。现在又在用印尼等东南亚地区丛生的红树大量烧制备长炭,有着破坏东南亚地区水边生态环境之虞。现在,这一问题已经引起许多人的关注。

备长炭除了用作燃料,正在因其强度与碳含量、多孔性、吸附性等优异性能,开发出越来越多的新产品。包括床上用品(床、枕头、床垫、坐垫)、建筑材料(壁纸、涂料)、电磁波阻断材料、炊事用、净水用、净化室内空气用、保鲜用、席子、宝石加工和首饰加工等,其应用范围越来越广。

(5)根据木炭炭化温度的分类

①低温炭化炭:在400~500℃炭化的干馏炭、平炉炭等。

②中温炭化炭:600~700℃黑炭、竹炭。

③高温炭:1 000℃左右的白炭、备长炭。

(6)特殊目的的炭

1)活性炭(Activated charcoal)

▶什么叫活性炭

为了提高木炭的吸附力,用人工把多孔质更加活性化(复活)的炭,叫做活性炭。

活性化方式有气体复活法、药品复活法和水蒸气复活法等。木炭的孔隙越多,对气体、液体的吸附力就越高,每1g活性炭的表面积至少要有500m^2,而高性能的活性炭,其表面积至少要超过每1g 2000m^2,而一般的白炭每1g表面积仅为300m^2,这种差距是因为孔隙的多寡产生的。

▶根据不同形状的用途分类

①粉末活性炭

用于制糖、淀粉糖、工业药品、酿造、油脂、处理污水、触媒、医药和净水等领域。

②粒状活性炭

用于瓦斯吸附处理、溶剂回收、触媒、处理污水、净水、净化空气、香烟过滤嘴、汽油的吸附和消除、金银的回收等领域。

③纤维状活性炭

用于汽车空气清洁过滤器、咖啡机、臭氧过滤器、溶剂回收装置等。

④高表面积活性炭

用于电池材料、电子零件。

▶根据原料的分类

①植物质

以木材、纤维素、锯末、椰子壳等为原料。

②煤炭质

以泥炭、亚炭、褐炭、沥青炭、无烟炭和焦油等为原料。

③石油质

以石油残渣、硫酸淤渣、油渣为原料。

④其他

以废纸浆、废合成树脂、有机质废料等为原料。

▶活性炭主要应用举例

①有机溶剂回收:二甲苯、三氯丙烷、四氯化碳等;

②净水(净水厂、净水器);

③净化空气;

④防毒面具;

⑤过滤烟嘴;

⑥消除残留农药;

⑦清除臭氧过滤器;

⑧消除戴奥辛(废弃物处理——焚烧炉);

⑨制糖(脱色)——食品添加剂活性炭；

⑩清酒精制-储存过程中的防腐、脱色、除异味——食品添加剂活性炭；

⑪电冰箱除臭剂；

⑫食用活性炭(食品、减肥用)——食用炭、保健炭粉；

⑬医用活性炭——药用炭；

⑭注射用水生产——药用炭；

⑮非医疗性治疗用——人工透析；

⑯生物活性炭——净水高度处理技术应用法。

▶活性炭脱色、脱臭、净化实验

让墨水通过炭层,会流出无色的水,在盛有果汁的杯里放上粒状活性炭,放置一两夜,就会成为清水。假如不喜欢烧酒的气味,可往酒杯里撒上粒状活性炭,就会除去气味,还能降低酒精度数。

2) 药用炭

是依据药典制造的药品,由医疗机构或专业药局经手,是利用木炭的吸附作用,治疗消化器官内的异常发酵或用作药物中毒解毒药。

我国大韩药典的药用炭、日本的日本药局方的药用炭和美国药典的活性炭(Activated charcoal)属于此类药用炭。

3) 食用炭

假如说木炭可以吃,有人或许感到不可思议。

当然,在过去缺医少药的年代人们遇到腹泻或肠胃不舒服,曾刮灶坑的烟子或将木炭研成粉,作为民间偏方服用过。即使在今天,也有许多人相信木炭的效用,服用木炭的人比想象的多得多。

在临床实践中,遇到药物中毒,要用木炭做吸附剂进行抢救,这是用作药用炭的情况。可是食用炭却有所不同,它不像一般食品,以摄取营养为目的,要说它是食品,毋宁说它是污染和丰饶缔造出来的时代食品。

韩国药用木炭粉

当今时代是人们的入口之物大受威胁的年代,人们不知不觉中要受到食物残留农药、食品添加剂、戴奥辛等环境荷尔蒙和其他有害物质的侵袭。包围在丰饶的食物当中,人们因过度偏重肉类和纤维质摄取不足,饱受便秘和肥胖的困扰。要是服用食用炭,木炭的多孔体就会吸附有害物质和毒素,并和粪便一起排出体外,从而起到清洁肠胃的作用。食用炭具有的出类拔萃的吸附力,是同蔬菜之类含有的纤维质不可同日而语的。

锭剂

食用炭不仅具有排出有害物质的作用,还能消除作为

第三章 木炭的特点及基本知识

老化和生活陋习病的原因的活性氧,并能吸附和排放糖分、脂肪和蛋白质等分解而成的葡萄糖、氨基酸和脂肪酸等过多吸取的营养,有着较好的减肥效果。日本现已有含炭减肥制品面市,还试销旨在消除有害物质的健康木炭等食用炭。有的餐馆已开始在面条和冷面等面类中添加食用炭。食用炭的种类也在增加,有添加在饼干的,也有撒在汤类中的。人类很悲惨地走到连摄取的食物都要重新除毒的地步,食用炭算是担负起清毒排毒的健康卫士的作用。

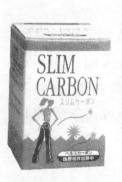

各国木炭制剂

4)食品添加剂用炭

我国食品添加剂工艺法典认证的添加剂木炭为活性炭,其材料是锯末、木片、椰子壳等植物性纤维质或是将石油等的含炭物质加以炭化后活化所得。这样生产出来的活性炭,才允许作为食品添加剂。这里所说的食品添加剂,并不是添加在食品里直接食用或混合在食品里制造流通食品的通常意义上的食品添加剂。

这是指食品制造或加工过程中的过滤辅助材料,只允许以过滤、脱色、消臭和精制等为目的使用,而且明文规定,使用上述添加剂必须在成品完成之前加以消除,其残留量须控制在0.5%以下。

(7)木炭的构造与特点

1)木炭神力,其秘诀在于无数的多孔体

木材在窑中被加热,在树木生长期负责把根须吸收的水分和养分输送到各组织的道管以及原为细胞壁的堪称木材基本骨骼的组织会完整地被炭化,木炭就会成为蜂窝状的多孔体。

即使在木炭炭化时温度上升,结构本身也不会被破坏,只是相应地收缩而已,所以可说木炭在其组织结构学方面与树木的组织相同。

炭孔内壁表面积令人吃惊,只有手指甲大小、重量仅1g的木炭,表面积竟达 200~400m^2。是无数的小孔,使表面积如此之大。

比较炭孔的大小,大体有以下三种形态。

作为通往树木各组织的道管,直径50nm(1nm = 10^{-9}m)以上的较大的孔为大孔,中间孔为中孔,直径在2~50nm之间。还有一个就是木炭炭化时细胞壁内部生成的叫小孔的极小的孔,其直径0.8~2.0nm的微孔是氢、碳等分子挥发后留下的,可起到吸附气味的作用。

下面是木炭小孔构造的模式图。

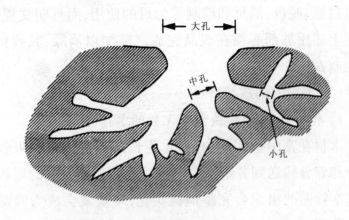

木炭多孔体模式图

考查一下炭孔大小与用途的关系。姥目坚、橡树和柞木等阔叶树木炭大孔发达，会成为孔壁厚实的坚硬的木炭，而针叶树（松树等）木炭则小孔的直径发达，炭壁薄，会成为柔软的炭。正因为炭孔的构造不同，应根据炭孔大小派上不同的用场。

譬如，要将木炭用作燃料，大孔多的氧气进入得多，也就容易燃烧，能够很快提高温度，得到需要的高热。相反，小孔多、孔壁厚实，燃烧速度虽然偏慢，但有着一旦保持一定的温度，就能持续燃烧的长处。所以说，根据木炭不同的使用目的，上述特点各有优劣。

利用电子显微镜观察木炭，就会发现木炭内壁有着无

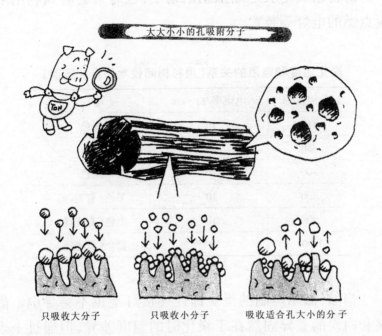

只吸收大分子　　只吸收小分子　　吸收适合孔大小的分子

数的孔。这些孔主要同木炭的吸附作用有关,利用这一性质开发出来的净化水中微生物的作用、调湿除湿作用或吸附和消除农药或臭味的作用、肥料成分保存作用等等应用都在大大方便和滋润着我们的生活。

2)高温烧制的木炭会带有导电性质

木材在原木状态下是不会通电的,但一旦烧成木炭,特别是高温烧制的木炭就会导电。从电的传导性看,可分为导体、半导体和绝缘体,木炭当属于半导体的范畴。

爱迪生发明灯泡的时候,曾将竹木炭白炭化(700℃以上),当作灯丝,已是家喻户晓的趣闻轶事。我们在有关木炭的博物馆或木炭产品推销活动中，也时常会看到利用木炭点燃的电灯等装置。

炭化温度和电阻的关系（用杉树间伐木作炭化实验）

炭化温度/℃	电阻率/Ω·cm	备注
310	10^9	褐色
450	10^6	黑色
600	10^4	黑色
800	10^1	黑色（有光泽）
900	10^0	黑色（有光泽）
1 000	10^{-1}	黑色（有光泽）

当然，低温烧制的黑炭即使连接灯泡也不会导电。黑炭和白炭的差异固然在于炭化时的温度差异，但通过上表可以看出随着炭化过程的温度上升，电阻会大大下降。即温度越高，其导电性能越高。由于白炭在高温烧成，呈现陶瓷形态，导电性自然会提高。

3）木炭是碳素块

虽然原木含有多种成分，但大约1/2是碳素。原木在炭窑中被加热，其中大约1/3的碳素化成炭，另外的1/3会作为木醋液和木焦油被提取，剩下的1/3的碳素会化作二氧化碳、一氧化碳等气体排放出去。这样炭中不再含有可燃性气体，所以即使燃烧成火球也不会迸发火花。有时会迸发蓝色的火花，这是因为加热后的碳素还原成二氧化碳之故。

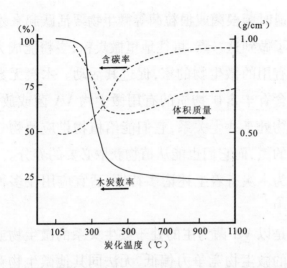

炭化温度与木炭数率、体积质量和含碳率（箭头为各自的方向数值）

这么说来，用木材烧炭的过程就是将原木中含有的碳素的大约70%以固体或液体形态加以回收，并再生为燃料以及其他用途的资源的过程。木炭的含碳率在原木状态为50%左右，而在炭化温度400℃的时候为大约72%，600℃的时候为89%，1 000℃为95%，1 100℃则为96%，由此可见含碳量要随着炭化温度的提高而提高。木炭在碳素外还含有氢、氧和灰粉等，但绝大部分还是碳素。（白炭大约含碳93%、含氧3%、含氢0.4%、灰分2%～3%，但低温烧制的黑炭其含碳量有85%的，也有65%的。）

4）木炭为微生物栖息地

好作物是好土壤孕育出来的。所谓的好作物是指产量和口味俱佳的作物，而且还要适宜连续栽培，因农药或连作

地力衰退时菌根菌或根粒菌等微生物要活跃起来才行。

　　为了做到这一点,可往地里撒炭粉,炭粉能成为耕地里栖息的有用的微生物的家,促进其活动。木炭无数的孔中栖息着含有丰富矿物质的有用微生物VA菌或放线菌,它们和植物处于共生关系,它们能给植物供应植物三大营养素之一的氮,而它们也能从植物获取必要的养分。

　　因为木炭有着上述诸多特性,适宜应用在多种植物的栽培当中。

　　可是以VA菌为主的处于共生关系的微生物或固氮菌等有用的微生物竞争力偏低,无法同其他微生物竞争。换句话说,它们的繁殖需要特殊的环境。

　　木炭有着无数微细的孔体,它们会给羸弱的微生物提供安全的摇篮,从而为竞争力偏低的有用微生物提供安全栖息的环境。

　　当然,木炭也不能成为所有微生物的栖息地,因为木炭只含有矿物质和碳素,而大部分微生物要摄取有机物才能生存下去。

　　目前已判明的栖息在木炭中的微生物有着根粒菌和菌根菌等共生在植物根部的共生微生物。

　　让木炭吸附有机物或阿摩尼亚等物质,那里就会栖息和繁殖着分解它们的细菌或放线菌等特殊的菌类。

　　由于木炭是高温烧制的,所以接近无菌状态;因为含有较多灰分,所以带有强碱性;因为表面积大,所以含有丰富

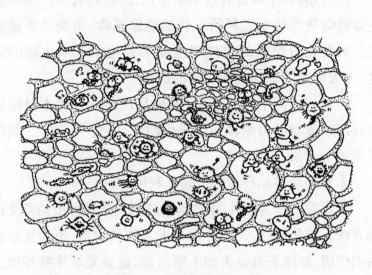

木炭的多孔体中栖息着多样的微生物

的氧气;由于多孔体开启着,所以容易吸收水分。要是制成炭粉,会含有更多的水分。这种状态适合于根须的生长和特定微生物的繁殖。

能够栖息在木炭多孔体内的微生物是几乎没有食物也能生存的微生物,而细菌或放线菌等嗜碱性菌由于喜欢碱性环境更适宜栖息。

微生物想要同植物共生,要向植物供应氮、磷、钾等养分,而细菌也要从植物获取碳水化合物等养分,才能形成共生关系。木炭在为植物和菌类的共生助一臂之力,这也是木炭不容忽视的作用。

(8)重新得到评价的木炭

木炭拯救性命
——徐徐揭开的秘密

作为燃料,木炭曾有过华丽年代,但是随着生产燃料的主体被煤气等化石燃料所取代的能源革命,木炭几乎被遗忘。可是化石燃料的燃烧却增加了大气中二氧化碳的浓度,大大加速了地球气候变暖的进程。

而木炭不同于化石燃料,木炭是以可再生的木材间伐材、枝杈、废材等为原料加以炭化而成,可将70%的二氧化碳凝固为木炭。

木炭还是体贴环境的可循环利用材料。

木炭除了作为燃料,正在越来越因其体贴环境的意义得到青睐。曾几何时,人类片面追求方便和快捷,沦为化学材料的俘虏,而随着其危害的不断增加,重新光顾体贴环境的可重复利用的材料木炭。木炭的作用和使用范围在越来越加大,正在成为人们生活中不可替代的天然材料。因为它具备着优秀天然材料的绝对条件,那就是对人体毫无危害。除了用于空气和水的净化剂,还用作释放远红外线的健康材料、环保型的建材,另外还用于畜牧业和环境农业。此外,根据不断研究还探明了其防止老化、使血液和体液呈弱碱性、排除体内毒素等作用,正被广泛用于治病、防病领域。可以预见,随着研究和应用的不断深化,木炭势必会成为21世纪有着无穷潜力的令人瞩目的无公害环保型的天然材料。

◆木炭不同用途一览(含副产品)

木炭:

燃料——炊事、调味、休闲、制糕点、茶道、取暖

保健——空气净化、冰箱除味、洗浴、除湿、消臭、床上用品

水产——饲料添加剂、养殖场水质净化、鱼草

农业、园艺、果树——水旱田作物、苗木、无土栽培、培育菌类、绿化树栽培、果树栽培

畜牧业——饲料添加剂、废水处理

工艺——研磨、漆器、首饰、绘画

建筑——埋炭、地板底铺炭、壁炭、地界、涂料

矿业、工业、冶金——化学、净水、活性炭、触媒、防毒面具、铸造模具

木醋液：饮用添加剂、饲料添加剂、熏剂、醋酸石灰、防腐用、除臭剂、土壤消毒剂

木焦油：防腐剂、木材涂料、驱虫剂、药用（正露丸）

灰：食品加工用、肥料、触媒、陶瓷

（9）木炭相关知识

1）木炭和钻石是近亲

听到这话，有人或许不相信，可这是真的。钻石和木炭的主要成分都是碳素，所以，遭受火灾钻石就会化为二氧化碳和可燃性气体。那么既然是同样的成分，为什么一个光彩照人，另一个却黑不溜秋呢？

那是因为原子结合不同之故。钻石号称共有结合物，原子之间的结合非常紧密，所以非常稳定、非常坚硬，堪称是自然界中最为稳定的。

可是,木炭的碳原子却只是呈六角型松松地连在一起。这么说,钻石是因为更加复杂和立体地结合在一起才会那么坚硬的。那么,既然原料成分相同,是否可以让木炭脱胎换骨成钻石呢?当然,这在理论上是可行的,只要有一定条件是可以让木炭变成钻石的。可是据说不会像自然界的钻石那样无色透明,而要呈现发乌的暗黄色。

据推测,钻石形成于地球深处岩浆附近,后来随着地壳的变化不断被抬升到地表来的。据说,钻石的诞生大约在30亿年之前,系世界上最坚硬的物质,可承受100万大气压而不碎。可能就是由于这种理由,钻石才会成为无比珍贵的宝石的吧。

2) 木炭烧烤为何格外可口

尽管木炭的应用范围在不断扩展,但目前的主用途还是用作燃料。特别是烤制肉类和鱼类食品方面,木炭占据着任何现代燃料所不可替代的独特地位,而且作为得到漫长岁月检验的燃料,木炭可为烧烤增加独特风味。这已是众所皆知的事实。驰骋烧烤领域的木炭中最可称道的还是高温烧制的白炭。

利用间接热量烤制的电热烧烤、铁板烧烤、煎锅烧烤等,燃料对烧烤风味起的影响并不大。

可是木炭烧烤,由于炭火要直接接触烤物,所以会对烧烤的食品的味道产生直接影响。假如用煤气烧烤,直接触热的部分会比里面先熟,等里面熟了,表面只能烤焦,可木

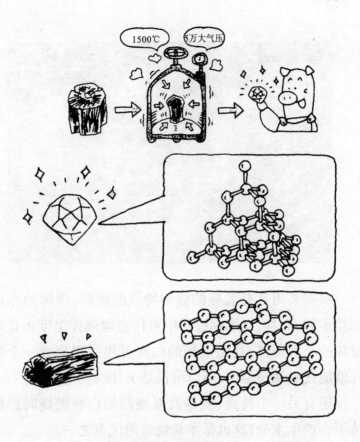

木炭和钻石的分子结构

炭烧烤却不同。我们仔细地观察木炭就会发现,炭的表面蒙着薄薄一层灰白色的灰。而这种灰会放射远红外线,让烧烤物的表面和里面同时烤熟,使得烧烤物的色泽保持鲜亮,可谓色香味俱全,而且在大约70℃时还会产生作为美味成分的谷氨酸酰胺。

木炭拯救性命

——徐徐揭开的秘密

　　根据采用具有怎样的放射特点的燃料,烧烤的味道会迥然不同,而且,在烤制过程中可任意地调控温度也是味道好坏的一大条件,高温烧制的白炭可用一把扇或一个调气孔就能任意调控温度,所以可说是上佳的烧烤燃料。

　　还有另一个特点,就是高温烧制的白炭燃烧时燃烧气体不会产生水分,这也是木炭烧烤的优点之一。

　　目前,牛肉、猪肉等的烧烤,木炭牢牢占据着主燃料的地位,但是在烤制鳗鱼或肉串时煤气还在称王称霸。当然,煤气较木炭好管理得多,但味道差异悬殊,想来营业额也会大有差距的。

　　笔者曾在釜山市东北方向一个小小的港口品尝过用木炭烤制的鳗鱼,那独特的风味可谓是笔者在包括日本和东南亚在内的所有地方未能品尝过的。鳗鱼的鱼头和鱼骨用铁锅慢火熬成汤,无偿提供,那鳗鱼那鱼汤至今让我记忆犹新。我由此想到,假如目前用煤气烧制鳗鱼的店家换成木炭,肯定会大大增加营业额。

尽管人们以为烤肉串用煤气是天经地义的,但有人已在尝试用木炭烤肉串。我认识的一个叫李日东的烤肉店主,就主张肉串非用木炭不可,他开的几家连锁店无一例外地顾客盈门、生意兴隆。

3) 木炭和煤炭有何不同

单看外型两个差不多,一样是乌黑的色泽,一样用作燃料,特别是高温烧制的木炭,其横截面呈亮晶晶的光泽,更是同煤炭毫无二致。

可是,木炭和煤炭却是迥然不同的。

木炭是将木材人工地限氧炭化而成,而煤炭则是数千万年到数亿年前的太古年代繁茂的树木堆积在湖水和池塘等的底部沉积而成的。

经过漫长的岁月,这腐烂的树木和植物化成泥炭(尚未完全炭化的煤炭或土炭),然后随着地壳变化埋入地下,被地热和惊人的压力固化成目前所见的煤炭。

只是其成分和木炭相类似。主要成分为纤维素和蛋白质,原料也同为植物,这是毋庸置疑的。由于在数百大气压下形成,煤炭没有孔,煤炭之所以不大容易点燃,也是这个原故。

作为燃料在耐烧和热量等方面,煤炭比木炭优越得多,可能这正是人们使用煤炭的理由吧。

木炭拯救性命
——徐徐揭开的秘密

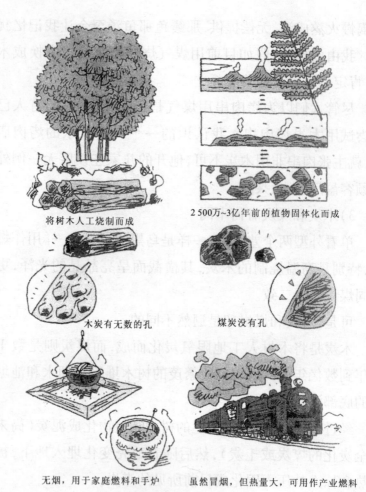

木炭和煤炭的差异

4）木炭是碱性还是酸性

木炭是酸性,还是碱性的呢?

烧饭的时候,放几块木炭,也没有什么酸味,那么木炭是碱性无疑。可是,冷却木炭烧制过程中的烟产生的木醋液却是酸性。

在总共为14的pH(表示酸碱度的数值)值中,低于7就是酸性,高于7就是碱性。木炭的pH值可分为表面的pH和放进水中溶解的pH。

木炭表面的pH值不是预先决定的,而是靠烧制时的温度决定的。

一般来讲,越是在低温烧制,表面pH越是呈酸性,越是高温烧制的炭,其碱性越强。

那是因为炭化温度越高,木炭表面的酸性官能基越少,而碱性官能基则会增加,所以要呈碱性。

其次是炭中溶出成分的pH值。所谓的溶出成分就是把木炭泡在水里的时候溶解的成分,代表性的就是灰分。树木含有各种无机物(矿物质),而这种成分即使树木被炭

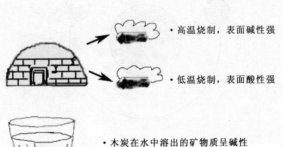

· 高温烧制,表面碱性强

· 低温烧制,表面酸性强

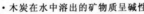

· 木炭在水中溶出的矿物质呈碱性

第三章 木炭的特点及基本知识

化成木炭,也会存留,所以泡在水里自会溶出碱性的无机物。往浴池里放木炭,就会成为碱性的温泉水,就是这个道理。

5) 氧化和还原

就目前的认识来说,自然界的所有物质,是由109种原子组成的。仔细观察这些元素,发现原子中央有着原子核,电子在围绕着原子核运动。

包括人类在内,世上万物全都是由原子组成的。原子如同下图中所示,由质子和中子组成,带有阴电的电子在不停地围绕其周围。

质子属于正电,而围绕在原子核周围的电子则为阴电。

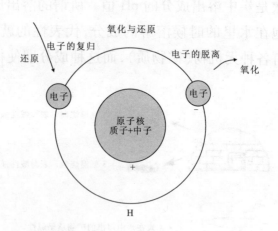

以我们的家庭为例,假如作为丈夫的"电子"正常地围绕在作为夫人的"质子"周围,阴阳就会和谐,就会"家和万事兴",维持家庭的和睦和安宁。这样保持平衡,整个原子

就会带有中性。而作为丈夫的电子假如有了外心,离开了夫人,原子核就变成了只剩下阳电的阳离子状态。也就是说,氧化就是电子的脱离。

我们将这种破坏平衡的状态叫做"氧化"。

与此相反,"还原"则为脱离原子的电子复原为原有的状态。电子还原了,就会恢复阳电和阴电的平衡,离异的夫妻就会破镜重圆,衰弱的身体就会恢复失去的新陈代谢功能,就会防止物质的氧化和腐败。

这就是氧化和还原的规律。

所有物质中特别是氢电子有着容易脱离原子的性质,所以,含氢多的物质就容易变质。我们人体的70%是由水分组成的。因为水中含有大量的氢,所以容易氧化。换句话说,人体易失去氢电子。

氧化意味着物质失去新鲜度,也就是说变了质。以人为例,氧化意味着老化,老化的极限就是"死亡"。

人体为了保持健康,老细胞和新细胞要顺畅地进行新陈代谢。假如新陈代谢钝化了,就会加快老化。正如前面所指出老化是电子的脱离带来的氧化。因此,有效地防止电子的脱离,就会加快新陈代谢,防止氧化,这样人体就会保持健康。

防止电子脱离的最重要的物质就是碳素,而木炭就是碳素块。碳素能把自己积蓄的电子提供给周围电子不足的物体,以起到防止氧化、还原的作用。

这就是说，将碳素置于身边，就会防止物质的氧化。木炭既为碳素块，把木炭置于身边，能够防止氧化、老化和腐败该是不言自明的了。

马王堆一号汉墓出土的女尸得以千年不腐，是因为掩埋在木炭下面，得益于碳素长年累月供应电子，才能新鲜如初。

想来我们实在看轻了木炭，只把它当作单纯的燃料或烧烤店常见的黑黑的炭块，殊不知只需把木炭放置在我们周围就能恢复我们体内的新陈代谢，防止疾病，保持健康，防止老化，那么木炭这一碳素块难道不是健康的救世主吗？

6）木炭会吸附剧毒戴奥辛

将聚氯乙烯或任意的石油化学制品在露天随意焚烧，就会轻而易举地产生剧毒戴奥辛。这戴奥辛已成为世界性的公害，在发达国家正在引起高度的关注。

因为戴奥辛并非大自然原有的物质，不会在自然中代谢，而要永久存留下去，所以才成为严重的问题。

大气中的戴奥辛混在雨中落到地上，植物就会吸收它，而人类要是食用吃这种植物养大的牛肉，戴奥辛就会溶入人体的脂肪。要命的是它不会随着尿液等排出体外，而是积蓄在体内。

因为哺乳动物的乳液中也会含有戴奥辛，人们即使食用牛奶也有可能将戴奥辛吸入体内，而且，落在海上的戴奥辛也会被鱼贝类所吸收，最终积淀在食用它的人类体内。

这种长年累月积蓄下来的戴奥辛成为癌症或畸形儿的原因,已是通过研究证明的事实。据说,当年越南战争中美军撒布的枯叶剂中含有戴奥辛,这至今成为越南产生畸形儿的原因之一。戴奥辛真是贻害无穷的极毒物质,连新生的无辜婴儿都难免荼毒。

无心地在操场、院子或小溪旁烧掉的一块旧塑料布,带来多么深重的灾难,现在该是我们扪心自问的时候了。

这种随意的焚烧,比在公共焚烧场统一销毁,更容易突破戴奥辛的安全基准值。

据说日本一旦发现焚烧场排放的戴奥辛超过标准值,就会勒令其停业,一直让其停业整顿到排放值达到标准值以下。这使他们意识到垃圾带来的污染已成为社会问题,要千方百计解决这一问题并采取措施。

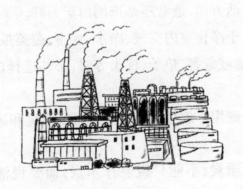

垃圾焚烧场

后来,日本崎玉县的焚烧场为了应付检查,装上活性炭

以吸附戴奥辛,没想到歪打正着发现这是消除戴奥辛等有害物质的最佳办法。此后,就开始采用活性炭作为消除有害物质的材料。

我国也开始在焚烧场安装活性炭设备,以防止焚烧过程发生的污染物过量排放。汉城阳川区木洞和江南区逸院洞焚烧场该设备已安装完毕,正在运行当中,而芦原区上溪洞焚烧场因为戴奥辛排放超标,(与居民协议会协商的标准为0.1ng,而实际排放0.27ng)所以被迫停产,现正安装活性炭设备。

7)选择优质木炭以及合适的木炭

虽然明白在实际生活中应用木炭会对健康生活大有裨益,但真要选购适合于自己的使用目的的好木炭也并非易事。当然,也不能肯定地说哪种木炭一定是好的,但是想要用在健康生活方面,通常还是选用白炭为好。

比如用于净化室内空气、净水、炊事、蔬菜瓜果保鲜、洗浴、减少电磁波危害、垫子、枕头等时,必须选择白炭才能发挥如期效果。

而黑炭则用于农业、畜牧业、除湿、消臭和冰箱除味等方面。

想买优质炭,不能只说要柞木炭,而要说清楚要柞木白炭。

因为白炭是高温烧制、完全炭化的炭,所以只有购买白炭才买到了完全排除不纯物质,还能导电的木炭,才能在产生负离子、释放远红外线、含碳量和溶出矿物质等诸方面满足健康生活的需求。同时,白炭还带有除湿、净化空气、消臭等黑炭所具有的全部功能。

那么,怎样才能买到真正的白炭呢？简单的识别办法,首先是白炭拿起来很沉,还很坚硬,而且表面沾有灰白色的粉末。

可是有些炭窑在白炭的最后冷却过程中并不使用消火粉,而是把烧红的炭装进有盖的铁桶,用盖盖限氧的办法加以冷却,所以表面并无白粉。这时候,就要比较重量,然后再看看横截面有无光泽。一般来讲,低温烧制的黑炭,路边的地摊上出售的时候也会以一定的规格切好,外观很好。可是这种炭拿起来掂量掂量就会觉得很轻。其形状之所以保存完好,是因为这种炭烧成之后就要封窑,一直放置到冷却为止。而白炭则在1 000℃以上炭化之后,要全部扒出窑外,撒上灰粉进行冷却,操作过程中多有破损,要以大小不匀的形态被装进箱子里。

可是,最近好多炭窑也开始把白炭截成5cm、10cm这样规整的形状投放市场。

你要是对自己的辨别力没有自信,那最好还是到一家有信誉的销售点去购买好一些。

白炭虽好,但其种类也多。有国内炭窑产的,也有中国进口的。就是号称炭中艺术品的备长炭也有日本产、中国产和印尼产。其原材料也有姥目坚、红树等等。

之所以说备长炭性能优良,是因为用作净水、炊事、床上用品等时有强度、不易折断,而且还会沉入水底,方便耐用之故。

8)木炭使用注意事项

①木炭作为燃料时常发生的事故有迸发火花引起的衣服、器物的损坏。应充分说明木炭这一固有性质,在产品上明确标出来,而且也有一氧化碳引起的中毒事故。

②至于新用途的木炭制品,炭粉等撒在高尔夫球场,有可能玷污打球者的皮鞋或裤腿,往新建房屋的地板下铺炭,有可能弄黑新地板,这些问题都需要提前考虑到,找出相应的对策。

新用途的木炭制品还有改善土质用、调湿用、保鲜用、炊事用、水处理用、饮水用、消臭除味用、寝具枕头用和融雪用等等,其用途正在不断扩展。

▶燃料用木炭

▷将木炭作为燃料会产生一氧化碳等毒性很强的气体,所以在室内使用时一定要每小时进行两三次换气通风。

▷当木炭点燃时有可能迸出火花或炭块,所以不要把脸庞或衣类凑得太近。

▷纸张或塑料制品等可燃性物品要远离炭火。

▷要在木炭充分点燃以后使用,假如需要添木炭,最好把续添的木炭靠近炭火加热之后再添到炭火里。

▷使用完毕,务必要灭火,并要加以确认。

▶一氧化碳浓度与中毒症状

空气中的一氧化碳浓度(%)	中毒症状
0.02	2~3小时内发生轻微头痛
0.04	1~2小时内前头痛,2.5~3小时后后头痛
0.08	45分钟内发生头痛、晕眩、呕吐,2小时内晕倒
0.16	20分钟内发生头痛、晕眩,2小时内死亡
0.32	5~10分钟内发生晕眩、头痛,30分钟内死亡
0.64	1~2分钟内发生头痛、晕眩,10~15分钟内死亡
1.28	1~3分钟内死亡

（注）此为用手炉燃烧100g黑炭时的状况

▶饮水用木炭

▷饮水用炭要选用备长炭或柞木白炭那样的坚硬、不易碎的木炭。

▷使用之前要洗净、煮沸后再用。

▷水洗时切忌使用洗涤剂等化学品。因为木炭有着吸附化学物质的性能。

▷用饮水用木炭处理的饮用水因为消除了残留氯,所以没有杀菌作用,须在两天内使用完毕。木炭反复使用时须重复洗涤、煮沸的过程。用于制作矿泉水,能够使用3个月左右。

▷其用量,1l水需要直径2~3cm,长度8cm的木炭或重量为50g左右的木炭。木炭长期浸泡在水中,水的pH值会呈碱性。

▷不得把其他用途的木炭作饮水用。

▶炊事用木炭

▷炊事用木炭应为备长炭、柞木白炭等硬质木炭。

▷使用时的注意事项大体相同于饮用水用炭。

▷三合米(约3杯)需要直径2~3cm,长度8cm左右的木炭或重量50g左右的木炭。

▷作别的用途的木炭,不得作炊事用。

▶洗浴用木炭

▷洗浴用木炭要选用备长炭、柞木白炭或高温烧制的竹木炭等硬质木炭。

▷使用之前须用清水洗净。一般家庭使用的澡盆,假如是供热水的就在供水开始的时候,将热水倒入澡盆的就在倒水之前,放入大约1kg木炭。

▷不要使用浴液。

▷使用一次,就要更换木炭。

▷因身体放出的脂肪酸有可能降低木炭的吸附力,所以使用一次以后要予以干燥,然后可反复使用。但是,假如希望碱性洗浴,最好使用3个月后更换新炭。

▶消臭用木炭

▷因为是消臭用炭,具有强烈的吸湿、吸臭性,所以保管时需要装在塑料袋等密闭的袋子里,保存在干燥的环境中。

▷假如包装损坏,会泄漏炭粉污染环境,所以应避免强烈撞击，且要远离热源。

▷使用完的木炭，不得重复使用于饮水、洗浴和炊事用。

▶寝具用木炭

▷寝具用木炭一般具有较强吸湿性，须保存在干燥的地方，不得放在火炉等热源附近。

▷须每月晾晒3~4次，以避开直射光，在阴凉处晒干为宜。

▷装有木炭的枕头或木炭垫子，绝对不要整体洗涤。

▷若破损，炭粉泄漏会污染周围物体，制作时一定要注意不要泄漏，销售或使用时一定要小心。

▷使用完毕的木炭，不得用在炊事、饮用水和洗浴等。

▶土壤改良用木炭

▷因为制造时的用途就是作土壤改良用，所以不得食用。

▷此炭有可能在撒在土壤时飞散，污染其他物体。

▷可根据作物的种类适当增减木炭用量。

▷可根据酸性、碱性等土壤性质适当增减用量。

▷在播种或移栽时需要预先把炭粉撒布（混合）在土壤里，待灌水或下雨之后再进行播种或移栽。

▷炭粉若露出地表，会因风雨等流失，所以在撒布时应和土壤充分搅拌好。

▶住宅地板调湿用炭

▷是为了住宅地板下的调湿或古刹地板下的调湿制造的，施工之前应把地板下面打扫干净。

▷不要封闭地板下的通气孔。假如地板下有电线，施工时注意不要碰撞。

▷不得让木炭触碰金属管道。

▷假如在一楼地板下施工，最好在上部留下20cm的空隙。

▶保鲜用木炭

▷保鲜用的木炭吸附性和吸水性较强,保管的时候须装在塑料袋等通气性低的袋子里。

▷因为有除味效果,用在须保持香味的场合时应慎重。

▷使用完毕的木炭,不得作饮用水、洗浴和炊事用。

第三章 木炭的特点及基本知识

第四章

木炭的基本功效和作用

一、木炭具有优异防腐作用

自遥远的古代开始,中国、韩国和日本等拥有白炭文化的国家就了解木炭具有神奇防腐效果。最有说服力的证据该是中国马王堆一号汉墓出土的2100多年前的女尸和韩国大约500年前的掌礼院判决事金钦祖先生尸身和遗物的完好保存,以及日本青森弘前市津轻承祐侯的140多年的遗体保存等。通过上述事例,可以窥探作为丧葬文化一环的埋炭防腐效果的一斑。

在那没有什么防腐剂的古代,应用木炭不能不说是现代科学所无法解释的出类拔萃的智慧。

物质之所以腐烂,是因为腐败菌等微生物繁殖,使得蛋白质等有机物被分解之故,所以要营造腐败菌无法繁殖的环境,营养再丰富的有机物也不会腐败。

上述的三个国家埋葬的遗体,当然是充满有机物的物体,但是靠木炭营造出全然无法腐败的环境,致使历经漫长岁月而完好如初。

在这里主要发挥作用的当是已判明的木炭基本功效调湿效果,以及作为碳素块的木炭发生无数电子交换,形成负离子层,起到还原作用,有效地防止了氧化等等。

换句话说,木炭的原材料为活着的树木,一旦在高温下炭化化成木炭,就物质变化拥有了防腐作用。而人类出色

地利用了这一防腐作用,营造出全然不受致使物质腐败的微生物或霉菌影响的环境条件,使遗体完好无损达2 000多年。

据估计,假如不予出土,这种防腐神力也许还能维持数千年,真是除了"神秘"没有可形容之词了。

二、吸附并除去异味

自古以来,人们就懂得利用木炭消臭、除味。这一点,从人们把成袋的木炭放在厕所旁边或仓房之内就可看出。

到了现代,人们的居住环境由于保暖等考虑,正在往高密闭、高隔热、高隔音发展,由于室内空气难以流通,致使室内积淀有害空气与异味。

这种房屋结构全然不同于过去用木头和泥土建造的传统房屋,可以进行自然通风,只要不加以人工通风,那食物烹调气味、鞋柜、衣柜、卫生间、生活垃圾、潮湿处的霉味和宠物身上发出的异味等等无数的异味只能充斥在有限的居住空间里面。

更为要命的是那些新建楼房,多为钢筋混凝土结构,加上使用许多化学物质的建材和粘合剂、涂料等等,空气中悬浮着甲醛等有害化学物质的分子容易诱发号称"新屋症候群"的头晕、头痛和眼睛、喉咙痛等症状。

为了消除这些生活中产生的异味和建筑材料释放的有

害气体,需要应用天然材料木炭出类拔萃的除臭功效,复活清净怡人的生活环境。

假如使用了木炭驱除异味,你只要外出回家拉开走廊门,就会感到空气清爽怡人。这种天然除臭法完全不同于置放香水或喷洒空气清净剂等硬性麻醉除臭法,可以同时收到木炭除湿、净化空气、发生负离子等综合效应,堪称是轻而易举又引人向往的生活智慧。

其实,木炭的除臭效果早已渗透进我们的生活。大家熟悉的冰箱除味剂、在烧糊的饭中放炭消除糊味以及衣柜、鞋柜、卫生间放的除湿、除味剂无不是木炭制品。此外,木炭还广泛应用在消除冰箱蔬菜抽屉的乙烯气体、消除自来水消毒药味等方面,最近还扩展到牛棚、猪圈和鸡舍等的粪尿气味的消除和畜舍环境改善当中。

那么,木炭具有如此神奇的消臭效果的秘诀是什么呢?

仔细观察木炭结构就会发现纵横交错无数的微孔,这是木炭炭化过程中从树木细胞流失的树汁留下的大大小小的孔体。这些孔体就是木炭吸附气味的秘诀。

这种多孔体是开放结构,要是用显微镜观察,可观察到从 100 亿分之 1mm 到 100 万分之 1mm 的多样的微孔。假如把这种多孔体的表面积扩展为平面,那么手指甲大的 1g 木炭的表面积竟达 $300m^2$ 以上,就是这种多孔体吸附空气中浮游的各种异味的根源——阿摩尼亚、二氧化碳、氮气、一氧化碳、沼气、氢和氧等化合物的分子,消除人们所厌恶

或有害于人体的各种异味。

用于这种目的的木炭,因为带有较强的吸湿、吸臭性,所以要特别留意使用前的保管。同时用于除臭的木炭由于吸附了污染物质,所以在重新洗涤、煮沸之前不得用于净水、炊事和洗浴等,以用在花盆、花坛和园艺等的土壤改良为宜。

三、既可吸收湿气,又能排放湿气

在木炭的应用方面,其湿度调节作用也是不容忽视的功效之一。

高温烧制的木炭几乎不含有水分,而且高密度地分布着纳米级的孔隙。就是这种无数的多孔的吸附面积发挥着很好的除湿及湿度调节作用的。

如同干燥的海绵容易吸水,木炭在周围湿度高的时候能够吸收空气中的湿气,而周围干燥,则会排放已吸收的湿气,自然地起到湿度调节作用。

在湿度对建筑物和经典的保存起到重要影响的寺庙等地,多采用在建筑物的地基埋炭或地板下铺炭的方法。为了保管海印寺8万大藏经经板埋了木炭,佛国寺、石窟岩和金山寺等也埋了木炭。

特别是湿度大大高于我国的邻国日本,由于木造建筑或寺庙等处湿气太重会加速建筑物自然毁损,还会发霉、孳生白蚁等。为了防止建筑物自然毁损,保存经典或史书,日本人早就开始利用木炭。其代表事例有历经1300年风雨,犹岿然不动的日本最高的木造建筑法隆寺、堪称日本神社的代表的伊势神宫以及天皇陵等无数寺庙或陵寝。如今一般住家或食品厂、制药厂、店铺等等也开始采用埋炭或地板下铺炭法。

这是因为湿气为房屋保存的大敌,放任湿气柱子自会腐朽,而柱子烂了,则会引发地板下沉等等隐患,最终会大大影响房屋寿命。

而且,过去的房屋由于多缝隙,糊窗纸,具有良好通气性能,自然通风好,湿度的调节不成问题,但现代的住宅或公寓,则为了提高保暖效果,采用了高密闭、高隔热的结构,那些炊事过程和厨房操作台、卫生间等发散出来的湿气就无从排放,只好堆积于室内。特别是冬季,因供暖室内外温差很大,室内产生结露(因内外温差墙壁产生露珠般的水珠的现象)现象,致使室内潮湿,这种湿气会渗入衣橱或箱柜里的衣物、寝具或墙壁,成为霉变和孳生各种虫子、发出各种异味的根源。

这种潮气会直接危害居住者健康,破坏怡人的居住环境。

木炭便成了驱除潮气的先锋。一般容易发潮的地方当数位居地下的食堂、酒店、练歌厅、办公室和半地下住宅。大家可能都有体会,一进这些场所由于空气循环差、潮气排放不良,迎面扑来一种不快的气味。而且,这些异味大、潮气重的地方还会持续不断地喷洒除味剂,这些廉价的人工香料会推波助澜地增加污染。假如在这些地下设施放置木炭,不仅会除湿除臭,还会取得空气清净效果,这该说是一举三得。

为了防止我国无价的文化遗产木造寺庙建筑物的自然毁损、保存壁画、丹青、佛具、佛经等,延长建筑物耐久性和寿命,防止雨季潮湿,建议在寺庙地板下的空间充填木炭。让我们汲取古人的智慧,应用木炭增强建筑物的"气",给千年宝物新的活力。

四、过滤和净化污染的空气和水

木炭恰似高性能的过滤器,为人们过滤作为健康之本的污染的空气和水。空气和水只要通过炭层,就会令人惊奇地洁净,连蓝蓝的墨水通过炭层,都会变成清水,可见木炭有着多么惊人的净化效果。

这种强烈的净化能力,也是有赖于木炭内部的多孔性。由于木炭内部充斥着只有在电子显微镜下才能观察到的微细的微米单位的孔,所以通过木炭的空气和水就会得到净化。

这种净化功效有木炭内部构造带来的物理学的功能和来自栖息在木炭表面的微生物的功能。这两者综合起来,使木炭带有出类拔萃的净化液体和气体的功能,木炭堪称是天然净化器。

换句话说,树木即使烧成了炭,也作为多孔体原原本本地保持着树木的组织和结构,不过是比新鲜树木缩小 1/3 左右而已。

这些孔体的直径从几个微米到几百微米不等,作为无数孔体的集合体,这些微孔全都通向外部。由于有着这大大小小的孔体,适合不同大小的微生物栖息。由于木炭表面能吸附气体和液体的分子,所以木炭才具有很大的吸附力。

吸附分物理吸附和化学吸附。物理吸附是指分子与分子靠相互吸引之力,被吸着在表面的现象,一旦用加热等方式从外部加能量,分子就会脱离。

木炭引起的吸附几乎全部是依靠微孔的物理吸附。

而化学吸附即使从外部加能量,分子也不易脱离,而会被分解。

活性炭是为了强化这种吸附力,而增加吸附面积的木炭材料。目前,大部分的净水器都装有活性炭。

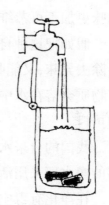

往自来水放木炭,一夜就能净化水质。

用木炭净化河流水质,最主要的不是依靠吸附,而是靠附着在木炭上的生物或微生物的力量。

通常，BOD（生物学的氧气需要量）为每立方米50mg以上的水，单靠木炭是不大容易净化的，这是因为极度污染的城市河流中木炭的吸附量会在瞬间达到饱和状态的缘故。

河流净化中成问题的是河流中的污物太多或上游流泻物流入太多的地方，木炭多孔体的表面会很快堵塞或孔体闭锁，这时候微生物的净化作用就会相对增大，还有必要频频更换木炭。

而自来水的净化则伴随着水源——河流水质污染的加重，只能放氯进行消毒，而氯的投放又会使原本不怎么样的水味更加不可恭维。

假如把这种自来水装在容器里，放上一块木炭，那么既会除去异味，又能收到满意的净水效果，而且木炭中含有的矿物质会溶在水中，成为含有矿物质的矿泉水，饮用起来更加可口。

我国的自来水净水厂也因为水源的污染，正有越来越多的净水厂采用活性炭净水方式。

在净化有毒空气方面，木炭也发挥着独特的威力。防止毒气的防毒面具装的是活性炭，如今为了防止喷洒农药时的危害，正在推广木炭口罩。为了吸附和排除含有挥发性化学物质的粘合剂等有害室内建材放出的有害气体，越来越多的家庭采用了在室内放置木炭的方式。

▶地下水及污染水的简易过滤法

即使是地下水也有浑浊(污染)的,而且有时候只能使用江河或水池子、水田等处的浑浊(污染)的水。这时候可利用木炭的吸附性,得到透明的水。

如图,石砾和沙子过滤水中垃圾或较大的颗粒,而木炭则吸附和排除更为微细的颗粒。值得留意的是这种过滤法无法去除溶解在水中的物质,也不能排除病菌。这种方式最适宜应用在含铁量大,呈红褐色的地下水的过滤。

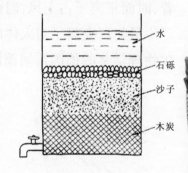

五、"空气维他命",增加负离子

1. 负离子和正离子

时代的发展,使得当今时代吸入空气的质量成为热门话题。今后会不会迎来吸食进口空气的年代,不再是杞人忧天。

其实,一个人吸入好的空气还是不好的空气,直接同健康有关,实在不是可以一笑置之的事。空气中有着一种叫离子(ION,带电的微粒子)的东西。

离子有正离子和负离子两种,这种电子的极小微粒以百万分之一毫米大小的极其微小的形态在地球大气的所有地方无休无止地漂浮着。

这种离子根据不同的地点、地形和气象条件,不断变化着,时而正离子占上风,时而负离子多一些。

最初研究离子对人体的影响并发表论文的是荣获诺贝尔物理学奖的德国雷纳德博士。

大自然中富含负离子的地方让人感到心旷神怡,有益于健康。

充斥着城市车辆尾气的地方,富有正离子,破坏健康,加重慢性病。

雷纳德博士指出:"地球上自然环境当中最富有有益人们健康的负离子的地方就是瀑布周围。"这在当时堪称是振聋发聩的划时代的学说。

负离子的粒子容易附着在小小的水珠上,所以瀑布周围富有负离子。因此,瀑布周围的空气就显得格外新鲜清爽,树木葱茏,蓊蓊郁郁。而且,我们漫步在微风拂面的小树林中会感到格外的舒爽。这是因为树木互相摩挲也会产生大量负离子的缘故。

由此可见,负离子多的空气就是好空气,就是有益于身体的空气。

与此相反,像闹市中那样车辆废气多的地方、煤烟浓重的工厂地带、垃圾焚烧场周围戴奥辛多的地方等等空气被污染的地方,却是充斥有害人体健康的正离子的地带,而且家庭和办公室等电磁波大量放出的地方,也存在着大量正离子。

长期生活在这种地方,就会患上慢性病,人体免疫力和自然治愈能力也会逐渐下降,而且城市的空气污染度在越来越加深,住宅被围在钢筋混凝土墙壁当中,连房间也在化学制品的包围之中,人们几乎置身在被污染的空气当中。

▶晴天相对湿度为40%~60%时的离子测定数值

场所	正离子	负离子	比率
离瀑布100m处	1 700	2 800	1∶1.6
交通拥挤的道路	2 700	1 800	1.5∶1
工业区	2 000	500	4∶1
公寓房间	2 200	1 500	1.5∶1
木造房屋	1 400	2 100	1∶1.5

据研究,新建住宅油漆、涂料、粘合剂等放出的有害化学物质完全消失,竟然需要 8 年之久,这不能不说是让人吃惊的事。

根据目前报纸的报道,大约 100m^2 的公寓使用的有害化学物质竟达 30kg 之多,这么说我们的居住环境简直不亚于毒气室了。

这种放出有害化学物质的居住空间原本就有大量的正离子,加上家电制品放出的电磁波也属于正离子,只能雪上加霜地使我们的房间成为浑浊的居住空间。我们每天上班的办公室也好不到哪儿去。

如今几乎随处可见的电脑、传真机、复印机和整天开着的荧光灯、电暖风、空调机等等都是正离子发生源,而且,为了保暖整天把门窗关得紧紧的,也就无从收到换气通风的好处了。这么说,城市生活是否可以说是完全远离了负离子的生活呢?

(1)下列场所大量发生正离子

①车辆通行频繁处;

②吸烟放出的烟积聚的室内;

③人们集聚的闹市中心;

④被家电制品围绕着的地方;

⑤钢筋混凝土结构的住宅或办公室;

⑥化学物质装饰材料装修的住宅或办公室,以及粉尘和螨虫多的地方;

⑦工厂密集区或垃圾焚烧场周围。

（2）下列场所富有负离子

①瀑布或溪流周围；

②绿荫葱茏有喷泉的公园；

③淋浴水大量喷射的浴池；

④温泉地带；

⑤森林茂密和有湖水的地方；

⑥在庭院洒水时。

（3）下列天气、下列时间负离子会增加

①晴朗无云的天气；

②湿度低的天气；

③微风吹拂的天气；

④下过大雨之后；

⑤早晨 5~8 时之间。

（4）正离子大量发生的天气

①细雨霏霏的天气、下雨前一天、多云的天气、低气压袭来时、恶劣天气；

②湿度很高的天气；

③吹潮湿的大风时；

④小雨下个不休的时候。

2. 正离子对人体的影响

研究正离子对人体产生的影响的德国医学家谢尔茨（电气生理学的世界性权威）博士指出：假如空气中的正离

子和负离子的平衡超过了正常范围,神经痛、头痛、心脏病、哮喘等慢性病就会急剧增加。他还测定大气中的离子数,判明了正离子数和交通事故发生量成正比。他是世界上第一个指出正离子多的日子交通事故多的学者。

这种现象证明:"离子"对人类心理和精神力,尤其是对判断力和注意力产生莫大的影响。

持续地吸入污染的正离子过剩的空气,就容易引起疲劳,那是因为人体正在氧化和老化之故,即血液在氧化,同时细胞膜也在氧化。人体由大约60兆个细胞组成,而细胞通过细胞膜不断地从外部吸收葡萄糖、维生素和矿物质等营养和氧气,以保持着活力和生命。

可是细胞膜一旦被破坏,细胞就失去了通过细胞膜吸收营养的功能。

与此相反,若是负离子多,自律神经就会得到安定,血压和脉搏就会保持正常,能够有效地解除疲劳,保持精神安定,从而能够增加注意力,提高身体的免疫力和自然治愈力。因此,负离子被称之为"活体离子"或"空气维他命"。

往正离子占上风的居住空间和办公空间注入新鲜的负离子,改变人们生活和工作环境,该是我们的当务之急了。

①人体细胞离子状态图解

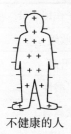

不健康的人

◆血中富有氢离子、血液为酸性的不健康的人皮肤带电。

◆这种人的皮肤容易附着空气中的正离子,酸性体质会越来越加重。

◆皮肤即使想吸收负离子,因同性离子相斥,而无法取得负离子。

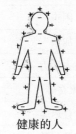

健康的人

◆用嘴或鼻子吸入负离子,血液中的电子就会增加,氢离子浓度会相应地减少,呈碱性。

◆于是皮肤就会从带负电,变为带正电。

②使用负离子发生装置时空中有害悬浮物减少测定表

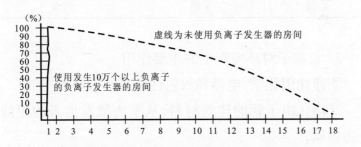

可看出使用后约80分钟,已消除95%以上的有害悬浮物

(意大利巴得巴大学实验室实验结果)

第四章 木炭的基本功效和作用

③负离子和正离子对人体产生的影响

项目	负离子作用效果	正离子作用效果
血管	扩张	收缩
血压	正常	升高
血液	呈碱性	呈酸性
骨头	变强壮	变羸弱
小便	有利尿作用	利尿作用被抑制
呼吸	顺畅	困难
脉搏	放缓	加快
心脏	充满活力	失去活力
疲劳	迅速恢复	积聚在体内
发育	促进发育	发育迟缓
伤口	愈合很快	容易化脓
神经	安定	变敏感
睡眠	入睡很快	容易引发失眠
心情	平静	兴奋

3. 负离子对环境产生的主要作用

①净化因化学、电器和放射性物质被污染的空气；

②净化由于新的建筑材料，从室内散发出来的甲醛等有害物质；

③分解或消除香烟味等不快的气味；

④杀菌作用带来的防止空气污染作用；

⑤消除成为哮喘和花粉过敏症诱因的花粉、螨虫的死

骸和粪尿等过敏物质；

　　⑥防止发霉，消除霉味；

　　⑦促进盆栽植物的生长。

4. 负离子拯救健康危机时代

空气是人类生命之源，但很可惜，当今时代空气被严重污染，几乎成为威胁人类生存的因素。

毋庸讳言，这都是现代文明的罪孽，它使我们的身体日渐衰竭，并大大加速着细胞组织的老化。我们要竭尽全力把正离子环境改造成负离子环境，以恢复人体带有的自然治愈力和免疫力。

现在已有许多学者开始关注这一问题，正在致力于研究负离子，以战胜日益积累的各种疲劳和刺激以及各种慢性疾病。经研究判明脑内物质和β荷尔蒙等都是负离子丰富的环境下才能分泌旺盛的。

著名负离子研究学者东京大学医学院的山野井升工学博士认为："多呼吸负离子，会使细胞活性化，可见木炭对人类产生的影响是巨大的。"

同时，研究开发应用负离子的医疗器械的日本负离子研究会会长、医学博士掘口升已开发出利用木炭的负离子热治疗仪，并运用到临床治疗上。

5. 负离子和木炭的应用

想要在被污染的城市营造出像林中和瀑布周围那样富有负离子的空间，再没有比木炭更得心应手的材料和重要的存在了。

因为木炭是炭块，所以可无穷尽地取得碳素发生的负离子，据说碳素把负离子放射完毕需要4500万年的漫长岁月，这不能不说是令人惊叹的生命力。

请读者诸君弄些木炭放在屋里吧。来到放置木炭的房间，自会让人神清气爽，身心自会感到异常地祥和宁静。这是木炭中和正离子，增加负离子，使空气变清爽的缘故。

而且木炭还带有调湿、除味等许多附加功能，室内空气不被净化才怪呢。

6. 地面电位的改善及负离子的作用

大凡到故宫或大刹会感到非常清爽怡人，这固然因为这些去处大都树木繁茂，给人以森林浴的感觉，但在日本则因为神社或寺庙大都埋有木炭之故。

就是这些藏身地下的木炭产生负离子，净化了自然的空气。

下面介绍一下为改善地面电位进行的埋炭实验。

通常高压输电线、供电线、电信电话线、烟囱、电视塔等周围大气的电，会不规则地发生变化。这样的地带往往含有过多的正离子。根据实地勘察已判明，这种地带周围的动植物和人类是不大健康的。

曾经做过在正离子多发地带埋炭，以调节地面电位的实验，现给大家介绍一下。

①这里的植物往往持续着虚弱的生长态势，产量也少，

而施以炭粉以后,生长茁壮,产量也提高了90%。

②对动物进行的实验表明,经饲养场附近埋炭,93%确认为体态壮实,100%的奶牛增加了产奶量,80%的鸡增加了产蛋量。

③对人进行的实验表明,经房屋附近埋炭,病人恢复健康的效果较往常增加了85%。

从上述实验结果可以看出,木炭对改善正离子地带的电位具有显著效果。

7. 木炭营造树林般的居住环境

大自然的树林是负离子占上风的净化场所。林中该是最理想的生态环境,能够生活在这里该是大自然的祝福。

可惜,人们大都生活在被污染的闹市当中,只是人们已开始醒悟,正在为怎样才能把被污染的都市环境改造成更加贴近自然环境的适合人类居住的理想的生态环境而苦苦努力着。

当然,人为地将树林搬到闹市是行不通的。

可是,人们无法把树林搬到闹市,却可以把木炭请进屋里来。假如把以大自然的树木为燃料烧成的木炭搬到家里来，就能增加号称空气维他命或活力离子的负离子，还能消除有害的气味，调节室内湿度，净化被污染的空气。木炭堪称是天然净化器。这是因为它是唯一来自大自然的天然净化材料，而且，它还具有出类拔萃的解毒作用。

人类身为自然的一部分，却抛弃了体贴的自然居住环境，把自己封闭进人工化学房屋当中，从而失去了生命呼吸的空间。

违背自然规律造成的创伤，只有大自然才能治愈，只有使用了天然材料，人们才能恢复失去的功能。

还在迄今100年前的20世纪初，大气中的离子比率还是正离子为1，负离子为1.2，但是到了20世纪末，这一平衡被打破，两者之比竟然逆转为正离子1.2，负离子为1。其原因无非是工厂、汽车尾气、化学物质等排放的有害气体积淀在地球上空，提高了整个地球的温度的缘故。

据研究，假如放任这种温室效应，到了2100年地球的气温将平均上升3.5℃，会导致冰川或冻土溶化，有可能引发大洪水乃至生态系的巨大变化。

足见人为地破坏自然带来的灾难是多么可怕。

我们要认识到这种逐渐增加的正离子占上风的离子平衡带给人体的种种负面影响,从自己做起,从现在做起,努力增加负离子含量,因为这才是我们守护自己健康的捷径,因为生活在好的空气当中才是防病治病的起点。

8. 负离子起到激活人体活力的作用

①血液净化作用

健康的血液为弱碱性。正离子则把血液变成病态的酸性。负离子中和酸性血液,把它变为具有抵抗力的弱碱性血液,可预防成人病、癌症和过敏性疾病。

②安神清脑作用

负离子刺激副交感神经,安定身心,膨胀幸福感,激活β-内啡肽(β endorphin)。

脑内β-内啡肽号称幸福荷尔蒙,起到安神作用。幸福感还会提高免疫力,即给人战胜疾病的力量。

③自律神经调节作用

三个人当中就有一个人不堪各种压力倒下,这就是当今的现实。人们深受失眠、头痛、更年期症状、腰酸背痛和慢性疲劳等大大小小病痛的折磨。说这一切都是正离子造成的也不为过。这些症状是自律神经发生紊乱导致的。负离子会起到恢复自律神经平衡的作用。(所谓自律神经就是跟自己的意志无涉,调节和支配身体内部器官和组织活动的神经,有交感神经和副交感神经。)

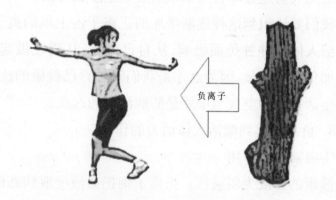

木炭放出的负离子促进新陈代谢

④免疫强化作用（强化肠与肝的免疫力）

免疫的中心应是肠与肝。现代人这两个部位偏弱。假如用负离子强化肠和肝，就能营造健康的生活。用健康的肠与肝，换来幸福生活吧。

⑤强化肺功能

现在动不动患上感冒或肺炎的人越来越多。这是肺吸入过多的正离子的缘故，是空气污染引起的。负离子则会促进二氧化碳的排放，增加氧气的吸收。氧气的代谢顺畅了，就会治愈感冒和肺炎。

⑥镇痛作用

在天冷或下雨等气压低的日子，患有慢性关节炎、类风湿性关节炎的人们就会感到关节和腰腿疼痛。这也是充满空气中的正离子在作怪。这时要是能够吸收负离子，身体的离子平衡就会得到恢复,疼痛自会消除。

⑦细胞活化作用

细胞的内外都分别充满着离子。外面多为正离子,里面多负离子。细胞活动起来进行新陈代谢时正离子和负离子都参与这种活动。这种离子被称为"生命活动电位"。特别是心脏细胞的活动电位可通过心电图了解到。细胞在从停止状态走向活动状态时正离子被负离子所交替。这种状态称为脱分极,由负离子唱主角。

换句话说,细胞的活化是负离子担负起来的。

⑧"空气维他命作用"即空气净化作用

因香烟、粉尘、螨虫的排泄物等引起的微粒子、公害带来的大气当中微细的污染物质……闹得到处都是有害的正离子。它们就是哮喘、过敏性皮炎和花粉症的元凶。

要想把自己的家变成温馨的居住空间,就要营造负离子环境。负离子中和和净化被污染的空气,把室内变成清爽洁净的场所。

⑨改善过敏性体质

过敏性疾病是由一种称作变应原的抗原引起的。我们的身体则要中和这一抗原,产生抗体。过敏性疾病可分为吸入性和食入性两大类。

吸入性的有哮喘、花粉症、过敏性鼻炎和过敏性结膜炎等,食入性有异位性皮炎(atopic dermatitis)、过敏性结肠炎和神经过敏等。

负离子的效果有吸入系统的集尘效果和消除作为空气污染源的抗体的功效,能够对预防过敏起到很大作用。

对食入性过敏,则起到加强肠和肝的免疫力的作用,起到预防异位性皮炎的作用,而且,还将血液碱性化,起到净化作用,调节抗体的产生。

六、远红外线放射效果

作为木炭原材料的木材本属温热的材料,而一旦烧成了炭,则更加增加了其温热性。这是木炭所具有的远红外线放射功能带来的效应。即使是没有点燃的木炭,你攥在手里也会有温暖的感觉。

远红外线为起着肉眼看不到的热作用的一种电磁波,它不同于其他电磁波,容易被人体吸收,引起分子单位振动,产生热能,起到扩张末梢毛细血管、促进血液循环的作用,还可帮助人体细胞排泄废物(引起痛症的原因)等毒素,运输养分和氧气。

由于远红外线的作用,可收到促进血液循环、恢复疲劳、缓解神经痛和肌肉疼痛、活跃肠胃运动的效果。

利用远红外线的这种功效,已开发出各种健康食品和医疗器械,正运用到临床实践当中。木炭作为燃料,发挥出其他任何燃料不可替代的独特作用,自古以来牢牢占据着烧烤燃料的头把交椅,其秘诀也在于木炭发出的远红外线效应。

家里埋炭或有木炭垫子的人家稍加注意就会发现,小猫总要在木炭垫子上睡觉,连小狗也要在埋有木炭的地方睡觉。

庭院埋炭的地方

从这里可以看出,木炭所放出的远红外线会被猫狗的本能所感知,它们才会受本能驱使,一丝不差地找到有木炭的地方。

远红外线作为一种电磁波,会强烈地放射出使物体变暖的远红外线。

第四章 木炭的基本功效和作用

▶远红外线

18世纪被德国天文学家霍谢尔发现的远红外线，自1876年起开始应用到临床，目前国内已开发出温热癌症治疗仪，并应用在临床中。

远红外线被誉为"生命、生育之光"，放射出3.6~16μm的长波热能。这种热能能渗透进皮肤内40mm处，通过温热作用起到扩张人体毛细血管，促进血液循环的作用，协助体内物质循环，是一种有益人体健康的光线。

理论上世上所有物质均能放射出这种红外线，但木炭、黄土、石头和陶瓷等的放射量尤其可观。

木炭所放射的远红外线，在放射率标准为1时竟然达到93%。用木炭烤肉，里外都熟透，还非常可口，正是得益于这种远红外线效果。而且，此远红外线还是能够改变水的分子结构的生命能源，要是将木炭放在水中，就会增加含氧量，从而能很好地防止变质。

红外线为太阳光线的一部分，波长比可见光线要大，将接近可见光线的称之为近红外线，远的叫做远红外线。也就是说，红外线中波长最长的就是远红外线。

▶"木炭垫子"温热效果调查

日本的札幌慈启会曾对远红外线对产生的温热效果进行过调查。他们以市内5家医院的住院病人和在家卧病的长期疗养患者共255人为对象，让他们使用填充活性炭和木炭的特殊垫子后进行了追踪调查。

使用的垫子为自1988年起前后进行5次改良的垫子,是将800℃高温烧制的活性炭加工成0.07cm的均匀粒子,以5cm厚、10cm间隔装在特殊的布袋里,制成190cm长的垫子。

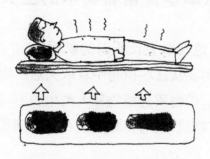

木炭远红外线效应使人体感到温暖

让病人睡在此垫子上,测试了手脚凉症的变化、身体温度变化、久卧病床带来的状态变化、气味和疲劳感等。

从收上来的问卷应答可以看到寒症得到大幅度的改善。从实际测试的数据中也可以看出,木炭垫子的保温效果比一般的垫子高1℃以上。

对于其理由,摘引《高龄者问题》这一专业杂志的报告如下:

"人体对红外线的吸收波长带为4~50μm,而迄今为止的波长带均为4μm以下,超出了可吸收范围。可是活性炭放出的红外线正好为4~14μm之间,能使人体充分吸收。"

此外研究还表明,那些备受失眠症困扰的人们病症也得到很大缓解。那是因为身体暖和了,就会刺激副交感神经(支配呼吸、循环、消化等系统的自律神经之一),使身体安定下来,促进末梢细胞的血液循环。

七、原原本本保留着树木的生长矿物质

树木从大地吸取生长所需的矿物质,并把它长久地保存着,而人类则要从这些植物中获取天然矿物质。

由此可见,矿物质是植物和人类生长不可或缺的养分。假如缺少了矿物质,人与植物的生存将受到莫大的威胁,也就是会生病。

有人或许认为,在现今这样吃穿不愁的年代还会少了什么矿物质?但是恰恰是那些源源涌入人们生活的方便食品和靠化肥和农药培育起来的蔬菜瓜果,使人们对矿物质含量备感担忧。

更可担忧的是现今人人知道维生素,却很少有人了解人体所必不可少的矿物性养分——微量元素。

木炭在其烧制过程中原木所含有的矿物质不会失去,而会原原本本地保存下来,并且会浓缩成原木的大约3倍程度。更可贵的是在原木状态这种矿物质不大容易溶解在水等媒介中,而经过高温烧制,成为木炭之后反倒容易在水中溶出。也就是说,大大改善了亲水性,而且木炭中含有的矿物质恰与人体的需要保持平衡,需要量大的多一些,需要

量小的就少一些,简直就像是专为人类准备的。

当然,矿物质含量根据树种、树木部位、树木生长的土壤等等有所差异,但难能可贵的是全然没有有害成分。同时,矿物质并不像蛋白质、糖类和脂肪,是容易消化、分解和消耗的物质,而是在我们生存的整个地球里循环的矿物性营养成分。

木炭含有的主要矿物质有钙、钾、镁、锰、硅、铁、石灰、磷和碳等。

八、阻隔有害电磁波,吸附放射性氡

▶生活在喷涌的电磁波洪水中的现代人

历史发展到 21 世纪,人们从早晨醒来到晚上入梦,可谓每时每刻离不开电器。(家庭里的电视机、录像机、微波炉、手机、电褥子、荧光灯、电冰箱等等)

即使来到办公室,电脑、传真机、复印机、照明器具等电器已成为我们不能离开的必需品。

人们虽然每时每刻被电器包围着,却对那些电子产品放出的可怕的电磁波熟视无睹,处于全然无防备的状态。

▶何谓问题的"电磁波"?

所谓电磁波就是用电时发生的电场和磁场的流向,根据其波长可以分为三大类,即,波长很短的放射线(X 线、γ 射线)、紫外线和红外线,以及波长长的微波和超低周波等电波。

现代人生活在电磁波的洪水当中

这些电磁波中如今成问题的是办公自动化电器、家电制品和手提电话等放射出的微波和超低周波的电磁波。

▶何谓"电磁波危害"？

电磁波危害是指将电磁波用于通信时有别于有线通信，电磁波传播到目的以外的场所，对利用电磁波的其他电器的性能发生干扰的情况，泛指办公用电器或手机等电子产品发生的不必要的电磁波引起通信干扰、电器的错误操作以及对人体产生危害的现象。

▶白炭能够阻隔电磁波

要想消除电磁波的危害，无非是切断其发生源（这是不可能的，因为我们已不能离开电器）或用金属等导电体做成罩子罩住发生电磁波的物体。可是，这也没有多大的可行性。

木炭作为阻隔电磁波行之有效的材料正在备受瞩目。

在木炭中尤其可用的就是在1 000℃以上的高温均匀炭化的白炭。因为白炭具备优秀的导电性和蓄电性。

若在电视机旁边放置3～5kg的白炭，用电磁波测定器加以测定，就会测出电磁波数值比放白炭（备长炭）之前显著减少。由此可见，白炭确有减少电磁波的作用。

据报道日本京都大学木质科学研究所教授石原茂久先生已利用备长炭这一特点，经过特殊加工开发出电磁波阻隔效果良好的高传导性薄板。这一新兴材料正被广泛应用到需要高度电磁波阻隔性能的建筑材料、航空用材和船舶用材。

据说这一新材料具有卓越的电磁波阻隔性能，通过了美国严格的军用材料规范。

我们能够采用将这种高温烧制的白炭放置在发生电磁波的电器旁边，有效地减轻和减少可怕的电磁波的危害。充斥电磁波的室内离子平衡被破坏，成为促进氧化的正离子横行的被污染的所在。这样的房间也能用放置木炭，恢复负离子、正离子的平衡，起到净化室内空气的作用。

▶ **电磁波对人体的影响**

最近，在一些先进国家电器制品发生的电磁波对人体产生的危害已成为值得关注的社会问题。有人甚至认为电磁波会引发白血病或癌症等不治之症。大量发生电磁波的电视机、微波炉、办公电器、荧光灯、手机和安装有IC（集成电路）、LSI（大规模集成电路）的各种电器均属于这个范畴。

　　尽管如此,这些尖端电器支撑着我们的生活是不容否认的事实,而且我们从此不再使用这些制品也是不可能的。

　　在美国有报道指出,夫人得了脑瘤死亡,是由于丈夫的手机所致。也有专家指出,这跟白内障也有关系。不仅是手机,据瑞典一个研究证明,我们司空见惯的高压输电线也在放出对人体有害的电磁波,而且怀孕当中继续使用信息工具的妇女也有产下畸形儿或有着很高流产几率的可怕报告。

　　美国电磁波研究的世界性权威纽约州立大学教授、医学博士罗伯特·贝卡警告说:输电线的电磁波"有可能诱发幼儿癌症"。他还发表过《输电线的磁界和电脑画面会增加白血病发病率》的论文。贝卡博士还指出:"地球上原本存在 10Hz 左右的宽松的低频波,成为生命基础波段,要是这里附加人工电磁波就会导致荷尔蒙分泌失调、癌细胞的产生、胎儿发育异常、免疫力和自然治愈力的下降和生理功能的下降等。"

通过实验还发现,用广泛使用于高压输电线等领域的 60Hz 的电磁波照射人类的癌细胞,其增殖率竟然增加 160 倍之多。有调查证明,纽约州中央邮电局被电脑和电信设备包围着的职员肺癌发病率竟是美国平均值的 100 倍。

瑞典在 1992 年发表令世界瞩目的疫病学研究结果。

据卡洛林斯卡研究所以 53 万瑞典国民为对象进行的调查表明,生活在离高压输电线 300m 以内的少儿白血病发病率比没有输电线的地方高达 3.8 倍。

这一研究很快在各先进国引起反响,好多国家开始禁止在学校和居民住宅附近架设高压线。

即使是家庭住所也无法让人放心。荧光灯、微波炉等家电制品无不放射出令人可怕的电磁波。其中尤其危险的是那些贴近身体使用的家电制品。

那些贴近脑部使用的手机、吹风机和贴近整个身体的电剃刀、电褥子、电热毯等,使用时尤其要注意。

日本医学博士牧内泰道指出:人们睡在那些用电温热的电褥子等不仅无法得到内脏完全休息,而且还有可能导致身体的氧化和精神异常。

在美国,电磁波公害已然成为社会问题,某些研究人员已经发表研究成果指出,有的妊娠异常是由电褥子造成的。

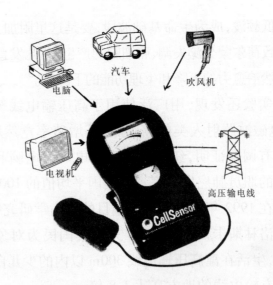

身边电磁波的磁界强度

单位:T

位置	磁界强度
办公室（室内）	30×10^{-7}（最大）
275kV 输电线（紧下面）	37×10^{-7}
500kV 输电线（紧下面）	97×10^{-7}
变电室变压器周围	$(100 \sim 200) \times 10^{-7}$
电视机前面	$(20 \sim 40) \times 10^{-7}$（平均）
电视机后面	$(50 \sim 200) \times 10^{-7}$
吹风机	150×10^{-7}（表面）
电剃刀	140 000（表面）
吸尘器	$1 \sim 16$（1m）
荧光灯	$4 \sim 16$（30cm）
电褥子	$50 \sim 100$（30cm）
微波炉	$15 \sim 400$（30cm）

注：摘自雨宫好文金泽工大教授测定、（财）劳动科学研究所发行的《VD 作业的物理环境》

▶放射性物质氡(Rn)

所谓氡是一种无色无味无臭的放射性物质,存在于大自然岩石中。因为是放射性物质,浓度高会引发肺癌等,对人体有着不良影响,但在室外因浓度太低,几乎不是问题。

住宅地下或建设住宅所需的建材(混凝土、岩石、土壤等)也会放射出微量的氡气。

传统的木造房屋因通风良好,这点浓度算不了什么,但是随着高层公寓等大型建筑物的增加,氡气的浓度也在悄悄地增加。

据日本科学技术厅放射线医学综合研究所自1984年开始的5年调查,公寓或木造房屋等普通日本住宅室内的氡气的浓度平均是室外空气的8倍,最严重的竟达80倍。

韩国京熙大学金东述教授带领的研究小组,也曾在遭受洪水浸泡的汉城地铁7号线泰陵站测出对人体危害极大的氡气竟达环境标准值的9倍,引起市民极大关注。

据研究,孩子们如果长期呆在污染的室内,呼吸氡气等有害气体,氡气有可能引发支气管炎或损伤肺部细胞,有很高的发展成癌症的几率。

据美国皮茨勃格大学科恩教授推测,全美国大约有15 000名肺癌患者是吸入氡气引起的。

还有研究报告指出,在所有的肺癌病人当中,可推测为氡气引起的瑞典约占22.5%、澳大利亚为15%、挪威则为10%左右。

由于氡气本身无色无味,所以即使充斥在我们的居住和办公环境当中,除非经过专门的测定是根本无法察觉的。所以,那些高密闭的钢筋混凝土住宅或地下室等尤其需要经常通风换气。

这时候要是利用白炭就可以轻而易举地消除室内高浓度放射性物质。

汉城地铁10处站点发现致癌物质氡浓度超标

经测试,汉城地铁3号线钟路3街站等10个站点的氡气超标。氡是众所周知的引发肺癌的放射性物质。

汉城市去年对239个地铁站点进行了氡浓度测定,其结果有10个站点12个地点的氡浓度超过了美国环境保护厅氡气室内环境劝告标准每升4 pCi,这是12日披露的。

氡为镭在岩石或水中发生核分裂时放射出来的无色无臭的气体,经呼吸或饮水等途径进入人体内,严重的可引发肺癌或胃癌。

氡浓度超标的地铁站点有4号线南泰岭、忠武路、弥阿三街站;6号线高丽大、广兴昌、驿村站;3号线钟路三街、忠武路站;5号线乙支路四街站、7号线芦原站等站点。

可是整个汉城地铁的氡平均浓度则为1.39 pCi,比去年平均值1.7 pCi有所下降。

记者朱龙锡

《韩国经济》2003.2.13

九、木炭对疾病的疗效

木炭疗法是历史悠久的民间疗法之一,古代的医书早有记载。

比如,刮灶坑的烟子作为止泻药和净肠剂、烧松木作炭粉服用等都是民间常用疗法。许俊先生的《东医宝鉴》也载有入药的许多用稀贵素材烧制的木炭。

现代医学也承认药用炭的疗效。大韩药典把木炭定为治疗用药,日本药局方和美国药典也分别把活性炭规定为药品和医药品。

炭粉的疗效可以归纳为以下几方面:

①消化器官的异常发酵涨气时:对胃炎、胃溃疡、肠炎、消化不良和腹泻有效;

②可调节肝功能,用于肝炎、肝硬化和黄疸等;

③对各种炎症及炎症引起的发烧有效;

④体内、体外毒素的解毒作用;

⑤有止血镇痛作用;

⑥有消除活性氧的作用。

上述疗法贵在是天然疗法,在木炭各种功效中具有重要意义。毋庸讳言,现代医药对人类战胜疾病起着举足轻重的作用,但是它所带来的副作用也越来越大。可以预见木炭作为没有任何副作用的天然药材,将得到越来越广泛的青睐和应用。

第五章

不断扩展用途的神奇木炭

◀ 木炭涂料

一、只须放在屋里就有效

▶室内放置白炭净化空气

当今的住宅为了提高保暖、隔热性,越来越往高密闭、高隔音、高隔热的方向发展,且内部的建材和装修材料——地板、天棚和家具等等使用着好多化学制品,而所有的墙体又都是钢筋混凝土结构。

钢筋混凝土箱体

第五章 不断扩展用途的神奇木炭

这样的居住空间由于有害化学物质和家电制品放出的电磁波的影响,成为充斥正离子的密封罐头盒子。长期生活在这种空间的主妇和孩子们时常要受到莫名其妙的头痛、头晕的困扰。

▶入住新宅,切莫忘了应用木炭净化力

住进新建公寓,往往会闻到浓烈的油漆、涂料、清漆和各种粘合剂等化学物质的气味,好多人对此麻木不仁,以为是一种"新居气味",且不知这有多么的可怕。因为这种"新居气味"恰恰就是化学物质的气味,说不定称之为"毒气空间"更为贴切一些。

长期待在这种空间,就会受到如图的不适和痛苦。

想要改善这种不良居住环境,使之变成健康的生命空

间,防止由此引起的许多疾病(因为是居住环境引起的,就称之为住原病),我们就要借助于木炭的净化力量。

只须在客厅的两到四个角落摆上

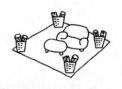

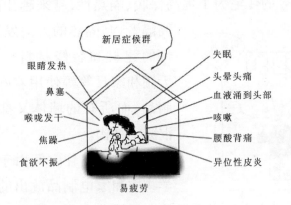

柞木白炭,就会收到想象不到的效果。卧室也只须放上两只木炭篮子,就会变成爽快温馨的空间。

尤其不要忘了给上学的孩子屋里放上净化室内的白炭。木炭净化空气、供应负离子,能提高注意力、保持体力、减少疲劳,对正在上学的孩子们来说,这才是比任何保健品更有效的最佳补品。

放置的木炭量为 $1kg/3m^2$ 为宜,以放在房间四角为好,条件不允许,按对角线放在两个角落也可。

▶用木炭净化密闭结构钢筋混凝土办公室的空气

为了保暖、隔热,采用密闭结构的办公室,假如不经常

建筑面积每 $3m^2$ 放置 1kg 即可

通风,跟住宅一样是个充斥着正离子和有害电磁波的空间。

大部分的办公室整天亮着荧光灯,电脑、传真机、复印机和文字处理机等连续不断地放射电磁波,是负离子极少的氧化空间。据统计,大部分的上班族正被原因不明的痛苦所困扰着,这就是降低办公效率的"新楼症候群"。为了防止这种现象,奉劝注意两个方面:一要通风,二要放置木炭。

▶这种设施需要放炭,营造成净化空间

医院、药店、美容室、理发馆、保育院、幼儿园、老人福利设施、学校、课外学院、老人协会、歌厅、地下酒吧、地下办公

室、封闭性办公室、地下加工厂、化工产品销售或批发店、染色纤维制品销售店、服装厂和公害产生的工厂等公共设施和有害物质散发场所尤其要注意空气净化问题。这里最有效的方法还是木炭。附带说一句,这里说的地下,不是引申意义上的地下,而是指位居建筑物地下或半地下的处所。

特别是牙科医院,药物气味尤其重,更要放置空气净化用木炭。

▶汽车内的净化也借助木炭

越来越多的人热衷的代步的小汽车也是一种密闭的空间,车内要是放置室内净化用炭,就能消除气味、营造净化空间。最理想的室内空间当是无臭空间。向往这种新鲜空间的人只需在车内放置木炭即可。

为了净化车内空气,放上 2kg 左右柞木白炭,或铺上木炭垫子就能阻隔电磁波、产生负离子,营造新鲜空间。

特别是营业用的出租车,一天到晚迎来送往形形色色

哦，没有难闻的气味哟
放置车后座后面
放在脚下

的顾客，有可能掺杂有传染病人，有必要借用我们的祖先为了保护新生儿拉上木炭禁绳的智慧，在车内放置一定数量的木炭。这样既可预防交叉感染，还有可能保护司机。

▶ **武器库放置木炭，防止枪械生锈**

木炭吸附湿气，还能持续放出防止氧化的负离子，从而能防止物体生锈。因此，日本自卫队的武器库都要放置一定数量的木炭，以防止枪械生锈。

我们天天在潮湿的卫生间使用的剃须刀，用完要是放在木炭块上面，也能预防生锈，延长使用时间。

▶ **木炭抗菌牙刷架和剃须刀架**

如果在白炭上面放置牙刷，就成为天然抗菌卫生牙刷架，若是放上剃须刀，刀刃就不会生锈，成为抗菌刀架。

木炭拯救性命
——徐徐揭开的秘密

▶木炭消除毒气

木炭靠特有的多孔质吸附有毒物质。防毒面具内装有活性炭,也是借用木炭的吸附能力。活性炭吸附毒气,把它无毒化,并分解和中和有害物质。

防毒面具

木炭带"负电"、毒气则带"正电",毒气通过炭层就会带有负电,这一过程中毒气就会被消除。香烟的过滤嘴就是利用这一原理制成的,香烟的炭过滤嘴使用的就是活性炭,就是它使香烟味变醇,并吸附和减少尼古丁等有害物质。

为了对付化学战而配备的防毒面具和"非典"流行期间畅销的防病口罩等也是应用木炭的制品。

▶衣橱放木炭,能够防湿、防虫、除味

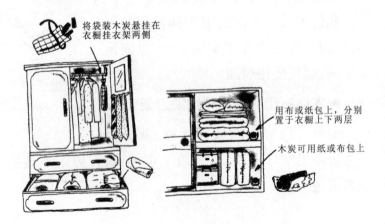

将袋装木炭悬挂在衣橱挂衣架两侧

用布或纸包上,分别置于衣橱上下两层

木炭可用纸或布包上

▶ 消除卫生间异味,木炭是首选

如今的卫生间大都是抽水马桶,与过去的露天坑式厕所相比,已大大减轻了恶臭。

老一代的人可能还记得,过去的农村茅坑或城市公厕熏天的臭气。笔者记得小时侯在乡下,在茅厕旁边堆着一袋袋木炭。这就是我们的祖先为减轻恶臭和防止粪尿产生的病菌而想出来的简便易行的办法。

如今的卫生间,木炭该是首选的除异味材料。

那些气味稍重的公厕,可在放置木炭的同时,喷洒一些木醋液或把木醋液盛在容器里放在角落里,更能有效地消除异味。

卫生间放炭方式为取1kg左右的木炭,装在篮子或无纺布口袋里,放在干燥的角落即可。特别是卧室带有卫生间的住宅,住惯了的人可能不觉得,但外人乍一进来就会感到有异味,所以一定不要忘记放上木炭。要知道,木炭除味有着任何一种人工的空气清新剂或香料不可比拟的优势。

▶ 鞋柜异味也是一种污染源

把木炭放进鞋柜也能消除异味和湿气。可将木炭放在竹篮子或塑料篮子里或装在无纺布口袋里。冬天穿用的靴子可以在鞋子里面放一块木炭。

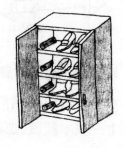

好多人也许对住宅入口处的鞋柜散发的异味麻木不仁,但要知道这是破坏居住环境空气质量的不可忽视的因素之一,而且,鞋不仅发出臭味,还是践踏过无数污秽的污染源,所以更要用木炭加以净化。

▶ 操作台下面和周围是细菌和虫子的温床

总是离不开水和烹调的操作台周围,假如潮湿和不通风,就会成为细菌和虫子的滋生处,更是异味的发生源。这时候,要是放上足量的白炭,就会变成无菌无虫无味的清洁空间。勤快和肯动脑筋的主妇,还会洒上一些木醋液,那真叫一劳永逸,任多么狡猾的虫子也没法接近操作台。

木炭

▶ 垃圾桶放炭,臭味无踪影

木炭会吸附和消除垃圾的异味。要是臭味实在太大,可洒上一些木醋液,那样会把臭味驱除得无影无踪,还会防止生虫。特别是大型餐馆、食堂的垃圾场一定要喷洒木醋液，才能有效地保持餐饮卫生。

▶狗窝放炭，除螨又除味

除臭和防虫效果

▶烟灰缸放炭，吸附尼古丁残味

▶可减少殃及健康的电磁波危害

为了减轻电视机、电脑、微波炉、音箱、冰箱、电褥子、荧光灯和电吹风等电器放出的电磁波的危害，需放置高传导

第五章 不断扩展用途的神奇木炭

性白炭，以便把危害减到最低。

等于接地线，把多余的电流排放出去

要使用1 000℃以上高温烧制的白炭

▶室内养宠物，木炭除异味

随着居住空间公寓化，那些饲养宠物的家庭常常为异味和杂菌发愁。

动物在封闭的室内排泄粪便，假如不花费大量心思去打扫，客人登门一定会感受到令人不快的异味。至于主人，已经慢慢习惯了，有可能闻不到什么。

要是在客厅和卧室放上比定量多一些的木炭，就会让木炭发挥驱除异味作用，解决这个恼人的问题。假如在宠物的窝边放木炭，或干脆给宠物垫上炭垫，更能有效防止异味和生虫。

▶阳台放炭，何愁盆花养不好

大家可能都有体会，在高层楼房的阳台养花，怎么也养不好。据说这是因为离地面太远，地气不能及的缘故。

小猫卫生间
把炭粒和沙子混在一起铺上
如今有特制的宠物用木炭垫子销售

而木炭能代替地气,从而能保证盆花茁壮葱茏。木炭会起聚集电子能量,补充到相对气弱的地方的作用。这就是碳素的作用。假如能在盆花的盆土上掺杂一些炭粉,会有效得多。

我们不妨作一个小小的实验,取一根钉子放在白炭上,钉子马上就会带磁性。从这儿可以看到,炭粉会把花盆变成带磁场的地方。

▶ **充斥化学材料气味的美容室,需借助木炭找回健康**

过去的美容院,可谓是男性禁入的去处,而如今男性美容师有了,到美容院美容的男同胞也有了。

跨入美容室,会闻到扑面而来的各种美容材料的气味。从事美容的人,就像久入芝兰之室不知其味,但偶尔去光顾的人不一定能适应得了这种冲天的香气(权且叫它香气吧)。

要命的是这种气味对人体毫无好处,对长年累月在此工作的人更是危害多多。要是放上木炭,就能成为清洁的营业场所,不仅能提高工作效率,还会给光顾的顾客提供清洁卫生的环境,自然会顾客盈门。

二、地下空间放炭，净化空气

在活像巨大的钢筋混凝土箱子的高楼大厦，首当其冲的恐怕就是那些地下室吧。大楼的地下室通常都是空气循环不良、气味无法消散的空间。这种地方正离子特别多，最能加速呆在里面的人或物质的氧化。

特别是下列营业场所务必要放炭，才能保持业主和职工的健康。当然更重要的是能够营造清洁怡人的营业场所，吸引更多的顾客，那生意自然会兴隆的。木炭堪称是半永久性材料，只要一次性放置，就能长期受益。

▷地下练歌厅不仅潮湿、有异味，还是充斥电磁波的场所，所以当是放炭的首选场所。

▷地下酒店、食堂等通过放炭，能消除潮气和烹调异味，可期待更满意的营业收益。

▷地下办公室，净化空气能够有效地提高工作效率。

▷地下仓库放炭，能够防止储存物的氧化，有效延长保存日期。

▷居住在地下室的人，利用放炭能够保护家人健康，何不快去试试？

▷地下浴池非常潮湿，容易发霉或孳生螨虫，木炭能够有效地防止它。

▷地下网吧更是既潮湿、又气闷，加上电磁波肆虐的杀人空间。据汉城医科大学研究报告,在这样恶劣的环境熬夜的年轻人,竟会产生精子减少现象。为了净化网吧的环境,木炭可谓是简便易行的补救措施之一。

三、新屋症候群让家人备添烦恼(住原病)

只考虑经济性和方便的高私密性住宅的陷阱,令多少人被莫名其妙的疾病所困惑。

▶家居结构成为致病原因的时代

近来的住宅和公寓的居住空间,为了保暖、隔热,节省能源,正趋向高私密、高隔热的结构,切断了空气流通,那无处消散的潮气酿成结露,可谓是霉菌和螨虫孳生的最佳环境。

住宅的墙体几乎全部是钢筋混凝土结构,内装修材料也几乎全部是壁纸、油漆家具、地板、家电制品等化学制品或用油漆、涂料和粘合剂等有害化学物质涂抹的制品。

这都是人类一味地追求方便舒适,大量生产造成的恶果。现在环绕人类的可谓没有一件是天然产品了。

其实,过去我国的住宅只使用了天然材料,即使关严了门窗,也会通过门缝和窗纸等内外空气自由流通,仿佛是整个房屋都在呼吸。

可是,现今的住宅一关上门窗,就要成为完全密闭的空间,这正是我们曾引以为豪,而且至今在售房广告中大加渲染的高

密闭、高隔热住宅的特点。生活在这种住宅的人,活像被装在一个巨大的塑料袋里。

严重的问题就在这里。墙体和内装修材料散发的丙酮、苯等有机溶剂和甲醛等有害挥发性化学物质随着暖气的热量四散弥漫开来,肆意地侵蚀人们的健康,竟然出现了"住原病"这样的新词。说起来,这就是室内空气污染造成的一种现代病。住原病里不可或缺的角色有潮湿和结露引起的发霉或螨虫的死骸。它们被空调和电风扇吹入人们呼吸道,引起过敏,而且充斥在密闭空间中的电磁波更是无形的杀手,无情地摧残着居住者的健康。

▶室内空气污染的发生源

污染住宅和建筑物室内的空气的原因物质也许很多,但大体上可分为以下四大类。

①生物:螨虫、霉菌、宠物的毛或病毒、细菌;

②空气:一氧化碳、二氧化碳、氮氧化物、硫磺氧化物;

③化学物质:甲醛(板材粘合剂)、VOC(挥发性有机化合物)、杀虫剂等农药;

④粒子状态的物质:灰尘、香烟的烟气等。

最近倍受关注的就是化学物质引起的"化学物质过敏症"。出现的症状是头痛、哮喘、恶心、眼痛和倦怠感等,这些症状是室内空气污染特别是甲醛和 VOC(挥发性有机化合物)等化学物质引起的。

甲醛主要含有在合成树脂和粘合剂里,用于板材粘合、铺地板或贴壁纸等场合。因为易挥发,所以容易成为蒸汽,混在空气里被吸入体内,而且,还容易溶解在脂肪成分中,所以还会被皮肤或眼睛吸收。这些物质引起的并非仅仅是中毒,最坏的情况下还会危及生命。更可怕的是这样可怕的物质,不知不觉地或麻木不仁地被无限制地用于最可宝贵的居住空间。

现在该是充分意识到这一危险性,对这种危险引起充分关注的时候了。这种住原病在新建住宅中尤为严重,乔迁新居理应高高兴兴才是,可惜很多人被原因不明的难受症状所困扰,这一切的元凶就是各种建材放出的挥发性有机化合物(VOCS)、甲醛(HCHO)等化学污染物质。

▶**住原病的元凶就是甲醛**

住进新宅,很多人感到头痛和眼睛发涩。弄得浑身不适的这种毛病就是住原病,也有称之为病屋症候群或新屋症候群的。

过去,一般都用木材造屋,使用的是全然不含有化学物质的建材。那时候住进新宅,闻到的是沁人心肺的木材香气。可是现在无论住进多么高档的住宅,扑面而来的是类似塑料的气味,这就是房屋建材和装修材料含有的化学物质散发出来的气味。

喉咙疼,严重时候引起呼吸困难就是地板、壁纸和各种合板含有的甲醛在作祟。

甲醛在密闭的空间里一遇到温度上升，就会漂浮在空气中刺激鼻子等的黏膜。

特别是制造合板的时候，要把好多层薄板粘合起来，得使用大量的粘合剂。

甲醛浓度只需达到 0.5×10^{-6}，就会被人感知到。到了 $(1\sim2)\times10^{-6}$ 就会刺激口或鼻子，达到 $(10\sim20)\times10^{-6}$ 就会流泪、咳嗽，弄得无法呼吸。

事实上在很长一段时间里，建筑业主和建筑工程师们对建材含有的化学物质采取的是忽略不计或索性不管不问的态度。

甚至身受其害的买主们也对此浑然不觉，只去关注食品添加剂或撒农药的蔬菜等等。如今通过电视、报纸等媒体这个问题的严重性正在逐步得到关注，建筑公司、住宅公司和消费者们正开始对这个问题产生应有的认识。

在韩国，政府也为了保护国民健康，为公共设施制定出保持室内空气清净义务标准及劝告标准，特别是制定出以严禁使用含有甲醛、挥发性有机化合物等有害化学物质的建材为内容的《公共设施等的室内空气质量管理法》，规定从 2004 年 5 月起新建的公寓、医院和图书馆等公用住宅的施工单位要在交付使用之前对室内空气质量作出测定、公告。这虽然有着"亡羊补牢"之嫌，但总算可以让人舒一口气了。

冬季室内污染最高达到夏季25倍
金允信教授调查有机化合物得出的结论

据测定,冬季室内的空气污染度最高达到夏季的25倍,应对那些主要生活在室内的幼儿和老弱病残者采取必要的措施。

这是汉阳大学金允信教授在汉城市绿色汉城市民委员会发行的季刊《绿色汉城21》最近一期发表的论文指出的。金教授在论文中写道:"以大邱的居民户、办公室和食堂等为对象测定室内污染度的结果,检测出冬季的挥发性有机化合物(VOCs)比夏天最低高1.9倍,最高竟达25倍之多。"

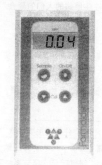

室内甲醛测定器

记者郑京俊　摘自2003.1.25《东亚日报》

日本为了保持居住环境清净的空气,提高生活质量,减轻对人体危害极大的住原病的症状,急急制定出控制住原病有关法规,并从2003年7月1日起施行新的建筑标准法。新颁法规规定,在新建或翻建、扩建住宅时禁止使用化学物质驱虫剂(含白蚁驱除剂),并且大幅度限制甲醛的使用,而且将住宅24小时换气通风设备义务化。

木炭拯救性命

——徐徐揭开的秘密

甲醛数值和危险度图表

摘自报刊杂志
"关注住原病的人们的聚会"

浓度	说明
50	50 000 引起肺炎，有可能死亡
20	20 000 5~10分钟内引起急性中毒
10	10 000 难以正常呼吸
5	5 000
4	4 000 开始流泪
3	3 000
2	2 000 刺激鼻子或喉咙
1	1 000 在这种环境生活5年，1万人当
0.9	900　　中14人患癌症
0.8	800
0.7	700
0.6	600 产业卫生学会容许浓度(工厂等的最高值)
0.5	500 因气味产生不快感
0.4	400
0.3	300 开始刺激眼睛
0.2	200 德国禁止使用此浓度以上制品
0.1	100 很多国家作为劝告数值或最高数值
0.09	90
0.08	80 WHO标准，日本室内标准
0.07	70 （1977年6月开始，此前没有此标准）
0.06	60 开始感知气味
0.05	50 加拿大、加利福尼亚室内标准
0.04	40 敏感的孩子可引起异位性皮炎
0.03	30
0.02	20
0.01	10
0	0

F3合板　通常使用的合板

F2合板　最近开始广泛使用

住原病主要症状

头痛	头晕	身体发颤
失眠	抑郁症	循环系统障碍
哮喘	耳鸣	眼痛
呕吐	视力障碍	皮炎
阿托皮性皮肤病等		

F2合板　用在橱柜、小儿衣柜等

COF1合板　只用在特别的地方

国产纯木材（杉木、翠柏等）———— 无法测定的最低水平

（甲醛浓度/×10^{-6}　　×10^{-9}）

▶化学物质是怎样在室内空气中释放的？

引起住原病的化学物质在室内以多种形态，从多处发散到室内空气中。下面举几个例子。

①房屋墙壁合板的粘合剂蒸发。

②使用在木材的防霉、防虫剂的蒸发,或由于摩擦以微粒子形态发散。

③贴在墙壁上的壁纸等使用的粘合剂蒸发。

④油漆或清漆等涂在家具上的有机溶剂蒸发。

⑤用于防虫、驱虫的防虫、驱虫剂蒸发。

⑥从蚊香或杀虫垫子放出气体或粒子。

⑦衣橱里的杀虫剂慢慢气化。

⑧刚刚从干洗店取回来的衣服散发出有机洗涤剂。

⑨窗帘、地毯里的防虫、杀菌、阻燃剂通过摩擦散发出来。

⑩香料的成分与有机溶剂散发到空中。

⑪从香烟中散发出粒子与气体。

⑫可塑剂以粒子状散发出来。

▶世界卫生组织定义的新楼症候群

世界卫生组织对新楼症候群作出如下定义:

①刺激眼睛特别是眼球黏膜及咽喉的黏膜。

②舌头等处的黏膜发干。

③皮肤长出红斑、疙瘩和湿疹。

④容易感到疲劳。

⑤易患上头痛和上呼吸道疾病。

⑥感到气闷,呼吸道发出嘶哑声。

⑦发生非特异性过敏。

第五章 不断扩展用途的神奇木炭

⑧反复发生头晕、恶心、呕吐等症状。

单独和复合地出现上述症状,就叫做"豪华大厦症候群",也有叫"新屋症候群"的。这是一种后天性疾病,受季节和外界压力的影响,一接触化学物质即可反复发作,而且以 $\times 10^{-6}$ 和 $\times 10^{-9}$ 为单位的低浓度就开始产生影响,而且神经系统、免疫系统、内分泌系统和消化系统等许多脏器和皮肤出现症状,诊断还不大容易,致使问题更加严重。

搬进新楼房,头痛得厉害

在风险企业上班的40多岁的L君找到医院来。他主诉头痛、头晕、眼睛发痒、鼻塞,注意力怎么也集中不起来,很疲惫。作了放射线检查、过敏检查和喉内镜检查等例行检查,并没有发现什么异常。L君说自从两年前搬进位于江南德黑兰路的新楼办公以后就开始出现上述症状,特别是冬天更要严重。

20世纪70年代的石油风波之后建起来的楼房,大都为了节省能源,使用了各种隔热材料,建成了没有多少窗户的高密闭性建筑。这些大楼因通风不良,室内空气污染的可能性很大。不仅如此,新建大楼内装修,使用了大量的合板、粘合剂和油漆等,从这些建材中散发出甲醛等各种化学物质。

甲醛是带有刺激性气味、散发到大气中的毒性物质,多从合板、发泡隔热材料和喷雾式油漆中发散出来。甲醛带给咽喉、鼻子和眼睛强烈刺激,引起类似于过敏或感冒的症状,严重时还会带来皮疹、头痛、疲劳和恶心等症状。

长期生活在室内空气中含有大量甲醛的环境中出现上呼吸道、中枢神经系统、免疫系统、自律神经系统和内分泌系统各种过敏反应,出现上述症状的就叫做"豪华大厦症候群(Sick Building Syndrome)"。过去,在北欧地区曾因内装修刷上喷雾油漆之后,甲醛发散到室内空气中,发生集团性的"豪华大厦症候群"的事例。

邻国日本已制定出大厦管理法,想用通风换气的方式解决这一问题。厚生劳动省把室内空气中甲醛浓度定为 0.08×10^{-6} 以下。可是现在在日本并非大厦管理法限制对象的一般住宅出现室内散发高浓度甲醛的问题,接连出现上述症状的病人,成为严重的社会问题。这种并非大厦的居住用房屋出现上述症状,称之为"新屋症候群(Sick House Syndrome)"。

"豪华大厦症候群"发生率,新建大楼比旧建筑多得多,而且长期暴露在甲醛下症状严重得多。那些新建住宅也多发生上述症状,这时候妇女和儿童比成人男子发病率高得多。

为了解决这一问题,日本政府从三年前开始组成厚生省、建设省、通产省、农林水产省、劳动省和学术界共同参与的研究小组,从事调查,寻找对策。这值得我们的政府当局关注和效法。

对付这种症候群的最有效的办法,就是勤通风勤换气,竭力降低室内空气中甲醛等有害化学物质的浓度。这种通风并不需要一两个小时的长时间,每次 5~10min 即可,贵在勤通风勤换气。

李相德　耳鼻咽喉科医生　2003．2．11《东亚日报》

▶住宅的这种地方容易发生污染

①家具和墙壁的缝隙堆积螨虫的死骸

大凡家具都是紧贴墙壁放着的,你可观察过那缝隙吗?假如用纤维(内窥)镜观察那缝隙,就会发现横七竖八的蜘蛛网和堆积的螨虫死骸。因为这是不通风又潮湿的空间,堪称是蜘蛛和螨虫理想的栖息地。要是生活在这种地方,就会产生过敏现象。

②细菌繁殖格外旺盛的地方恰恰是厨房

操作台下面通常很潮湿,是螨虫、霉菌和蟑螂的集聚地。

由于烹调过程的油烟、气味,还要洗菜、洗碗,处理饮食垃圾,就会发霉,还要引来嗜食腐败物质的虫子。同样,冰箱和墙壁之间、碗橱和墙壁之间也会发生同类现象。

纤维内窥镜

③说你夜夜和螨虫同眠,你信吗?

螨虫的栖息地,不会单单避开人们的床铺。

切记,要经常晒被,以防螨虫栖息,特别是枕头更要定期晾晒。因为螨虫特别喜欢头屑。

螨虫靠吃人类排泄物生存。所以勤晒被褥和枕头,能够有效地防止螨虫孳生。

④洗衣机后面、脸盆、澡盆是霉菌最爱光顾的地方

洗衣机工作时马达会发热,而且还要淋上好多水。其后面因为经常有风,所以容易吸附灰尘。加上总是潮湿,容易孳生螨虫,而且脸盆后面和底部、澡盆等也是容易发霉的部位。

▶火灾致死,内装修材料的有害气体是主犯

大楼或公寓发生火灾,会看到黑烟滚滚。这是壁纸、窗帘、地毯、沙发、衣物、石油化学地板、化学制品家具和树脂制品燃烧时放出的有害气体。通常,发生火灾时吸入这种有害气体窒息而死的比重最大。

一般的内装修材料,根据防火、阻燃和防灾标准,大都处理成不大会燃烧的难燃材,也就是说即使着了,一会儿就会自行熄灭。

可是,真正起火了,熊熊大火会产生高温,这些建材只能烧掉,而且这种难燃材会成为产生油烟的原因。

因为不好燃的东西在燃烧,所以不得不化为浓浓的黑烟。于是化学物质内装修材料,就会成为引发有毒气体窒息死的元凶。

隐藏在内装修材料中的化学有害气体,通常要以极少量缓慢地挥发,所以更要长年累月威胁人们的健康。

▶家电制品的电磁波是住宅污染的帮凶

营造健康的居住环境,成问题的并非仅仅是化学物质、

螨虫和霉菌等等,那塞满住宅的大大小小的家电制品——电视机、电冰箱、微波炉、洗衣机、荧光灯、电脑、电吹风和电剃须刀等等放出的电磁波,成为威胁人们健康的帮凶。

电磁波的危害正在世界范围内成为新的公害。除了尚未搞清的对人脑和身体的危害,电磁波会大大增加室内居住空间的正离子,不仅污染空气,还要加速人体和其他物质的氧化、老化。

▶化学物质引起的疾病或症状是药物和手术无法治愈的

化学物质引起的疾病或症状,有着跟通常的疾病全然不同的特点,那就是无法用西医治疗的手法药品或手术加以治愈。

如今的药品大都是化学精制的,假如是因化学物质引起的疾病,再摄取化学药品只能起到雪上加霜的作用。

尽管冠着药品的名称,但是服用同样的化学物质,只能加重身体对化学物质的负担,情况只能更糟。

既然不能用药,还不能手术,那该怎么治疗呢?

要知道,被化学物质弄得疲惫不堪的身体最需要的就是远离人工环境,不再接触化学物质。其次需要的就是充分摄取维生素、矿物质等营养。要多吃一些未使用农药的蔬菜和食品,多多吸取没有污染的空气和水等大自然的馈赠,还要辅以适当的运动,避免压力和刺激。如果能找个温泉,痛快地泡一泡,当然再好不过了。

人既然是自然的产物,回到大自然这个母亲的怀抱当然是最舒服、最温馨的了。

现在,环境污染已成为世界性的问题,并步步紧逼人类。我想,想要恢复因环境污染疲惫的身心,还是应该着手恢复大自然的洁净,这才是正本清源的好办法。

▶住宅的致癌危险来自电磁波和化学物质的复合污染

乍一看家电制品为人们带来无比舒适、无比方便的生活环境,其实它是最容易破坏健康美好生活的器具。

生活在高压线附近的儿童致癌率高达一般儿童的2~4倍,从事电脑作业的女性容易流产和生产畸形儿,不再是什么新闻。

在家庭这个有限的密闭空间里实在摆放着太多太多的家电制品。除了我们的生活必需的电视机、电冰箱、微波炉等大宗家电制品之外,如今更增添了自动门、电梯、电烹调器具、空调机,甚至连卫生间的座便器都装上了电冲洗器,所以,即使不在高压线附近居住,我们还是时时刻刻承受着太多太多的电磁波,真怕它殃及人们的健康。

1994年,美国曾发表一项研究结果,该研究指出这种电磁波一旦同化学物质复合起来,致癌率一举上升40%~70%之多。

据说,癌细胞发生的机制,取决于致癌作用和致癌促进作用。据研究,电磁波虽然对癌症有一些促进作用,作用于细胞,但是即使细胞发生肿瘤,真正发展成癌症的几率还是很小的。

可是,一旦有具有致癌性的化学物质加势,就会产生致癌作用,可导致细胞癌病变,瞬息间使癌细胞扩散。

人类无节制地追求舒适的结果,化学物质和电磁波已经渗透到我们生活的每一个角落。而一旦有了自觉症状,几乎就是病入膏肓的状态,问题的严重性也许就在此。

▶靠木炭神力,拯救被污染的居住环境

本应是休养生息的空间的我们的住宅,因其高密闭性和化学物质的污染竟成为致病之源,以至产生出住原病这样一个新词。

这是采用天然材料,建造生机盎然的房屋的年代从未发生过的现象。只考虑方便和经济性,甘做人工材料的俘虏,当然要有这样的报应了。

也就是说,人类作为自然的一部分,却无视自然,专门盖一些违背自然的窝,该是遭到天谴的时候了。这种违背自然带来的危害,只能靠回归自然来克服。

木炭是大自然中活着的树木炭化而成的天然材料,是完全能够起到大自然的树木或森林所起到的净化和解毒作用的材料。要是将树木埋到地下,会生成沼气,若燃烧在空气中则会放出一氧化碳,污染地球环境。可是,一旦成为限氧状态下炭化的木炭,就会带有不可替代的净化、解毒作用。它能净化污染的空气、过滤和净化水,还能除臭、除异味、调湿、为正离子充斥的室内增加负离子,使空气清新,缓解家电制品放出的电磁波危害,特别是能够起到吸附和消除化学物质随着温度的上升放出的有害气体的作用,从而能够缓解、解决或改善不良的居住环境引起的疾病和环境污染。木炭诚为人类能够抵御居住空间的污染,营造健康生活的必不可少的天然材料。

▶选什么样的木炭,怎样放置?

为了吸附作为污染居住环境的元凶——化学物质,需要放置相当数量的木炭,而且住宅化学物质的放出至少要持续5年以上,所以经过一定时间之后还要重新加工或更换。

低温木炭固然也有着除湿、除味、吸附阿摩尼亚等功能,但放置在居住空间的木炭原则上还是要选用带有吸附甲醛效应的高温烧制的白炭。

因为高温炭能够增加负离子,中和充斥居住空间的正离子。

以建筑面积每平方米放置300g以上为标准,主要放在潮湿、气味重的操作台下、卫生间、鞋柜、床底、电冰箱里和家电制品、衣橱、客厅、卧室、多用途室以及养花的阳台等地方。其实,放这么多地方,每平方米300g也许还不够呢。

撇开经济方面的考虑,木炭可谓是越多越好。木炭放置得比标准量多,首先能够防治蟑螂。还会消除过敏,最难能可贵的是放炭能使在高楼大厦不好养的盆花,特别是兰科植物茁壮葱茏。道听途说放炭如何如何好，找几块炭放在屋里摆摆样子，实在是杯水车薪，与事无补的。

地板下面有空间的住宅，地板下面也应放炭，而且新建住宅可在地基埋炭，以营造永久性的健康住宅。

曾有实验数据表明，用 500g 木炭进行测定，$1m^2$ 空间原为 4×10^{-6} 的甲醛浓度 1h 内降低到 1×10^{-6}，但是住原病的许多问题尚未得到科学证明，而且建筑材料含有的化学物质种类繁多，不能说单靠放木炭就能得到根本性的改善。但是，经验和研究均表明，木炭确实能起到净化居住环境的作用，而且这一作用是任何人工材料所无法替代的。

▶高私密住宅的污染防范，通风为先

原来的韩国住宅，其实连通风的必要性都没有。由于整个房屋可说是活着的、呼吸的房子，在窗户纸上哈一口气，就会透出室外，而且门框、窗户框都有缝隙，能够随时进行空气对流，屋里很少发生潮湿、发霉或生虫的现象。

通风良好，气味自然散发得快，也就不存在什么难闻的气味了。

可是，现代住宅和高层公寓因为带有高私密性、高密闭性和高隔热性，所以为了亲人的健康，主妇们首先要尽心尽责地作好房屋的通风换气。不管天多冷，一天至少要通风几次，每次要保证二三十分钟，以便有效地防止潮湿和结露，消除化学物质和气味。

用木炭改善居住环境固然重要，随时通风换气也是必不可少的。可是,即使明白通风的重要性,坚持不懈地做起来其实不容易,而且正确判断室内空气的污染程度也是很难的。现在,已经有作出通风提示和显示温度、湿度的仪器问世,可谓是主妇们的好帮手。

换气预报仪

▶随手就用的电蚊香、线香,你究竟了解多少?

如今的蚊香多采用电热挥发药品的方式,可说是医院候诊室、健身房、公厕和旅店房间等处随处可见的。这种蚊香几乎没有什么呛人的气味和烟,使用起来很便利,现在许多家庭也都在使用它。

可是要知道,我们在高密闭性的住宅长时间使用这种蚊香,屋里杀虫剂的浓度只能越来越高。而这种合成除虫菊酯系列的杀虫剂有可能引起痉挛和过敏。在这种环境下睡上几个小时,简直就像拿自己的身体充当实验品。

尽管有着使用便利的长处,过一定时间就要弄灭,特别是婴儿间等更要注意通风换气。用这种蚊香的时候一起使用木炭，能收到满意效果。

现今寺庙或佛教徒们使用的线香也问题很多，有些甚至含有大量有害物质。有人警告说，长期吸入有可能致癌。或以为那么细细的一根香，能有多大毒性，但是在密闭的空间使用对人体的危害比想象的大得多，所以选用线香一定要注意。

四、把木炭放进水里会怎样呢？

▶化自来水为矿泉水

由于树木生长的时候，要从土地吸取许多生长所需的矿物性养分，所以均衡地拥有许多营养素。这种树木一旦烧成炭，浓缩在炭中的矿物质成分会达到2%～3%。同时，高温烧制的炭会产生亲水性，易溶于水。所以，把木炭放进自来水里，矿物质就会溶出，使本为酸性的自来水化为弱碱性的矿泉水。

加上木炭具有的除味和吸附有害物质等功效，自来水就会变成被净化的纯净水，而且木炭放射的远红外线能够改变水的分子结构，将水分子变细，提高溶存氧气量，使得水不容易变质，盛在容器里也不会长水垢。这样的水就会变成电磁水，在体内吸收良好，还能清血去脂。

▶制作方式

①首先用流水把木炭用钢丝刷洗干净,切记不能用任何洗涤剂。

②用开水煮沸 10 分钟左右,进行消毒。

③10 分钟后熄火,用笊篱捞出来放凉,在阴凉处晾干。

④将木炭放进盛水的容器里,放进电冰箱放上一夜,就会成为可口的矿泉水。

⑤这种净化水因为消除了自来水的消毒剂,所以最好在两天之内喝完。

⑥需要平均两周重复一次上述①、②、③的过程,吸取矿物质大约能维持 3 个月左右,若对矿物质没要求,可继续使用。1l 水的木炭用量大约是 50g。

⑦最好选用备长炭等坚硬的木炭,目前市场上以"万能木炭"为商标,有出售小包装备长炭的。柞木白炭和竹炭功效差不多,但有着易碎的缺陷。

▶不用洗涤剂的体贴环境的木炭洗衣

说用黑糊糊的木炭洗衣服,有人会觉得不可思议,但只

要动手试一试,就会明白不放洗衣粉,光用木炭也能把衣服洗得干干净净。

更大的意义在于我们每个人这小小的努力,会成为把地球从水质污染中拯救出来的善举,可谓功德无量。

将不再滴出黑水的坚硬的"柞木白炭"、"备长炭"或正在市场销售的"万能木炭"同两个发泡塑料球一起装在网袋里,将口绑好放进洗衣机里,再加上一两勺盐,就会收到意想不到的效果。

漂洗只需一次即可,连木炭一起漂洗,最好在阴凉处晒干。放塑料球是为了让其漂浮在洗涤物上面。至于衬衫的领口、袖口或袜子等污垢重的地方,可在洗涤后另行抹点肥皂补洗一下。

想要使洗涤物柔顺一点,可在开始洗涤的时候放一勺醋。

这里需要特别留意的是洗涤衣物可不能像木炭烧烤点那样使用任意的木炭。一定要使用坚硬的柞木白炭,最好是使用最坚硬的备长炭。

大家或许觉得奇怪,放点木炭和盐,怎么能洗去污垢。

前面已经谈到,将木炭放进水里,水的分子集团会变小,从而能够活化水。正因为这个,水就会渗透到衣类的纤维组织中。

同时通过木炭作用,水质得到净化,就会收到过去在山村的小溪洗衣服,不用别的洗涤剂就能洗干净的效果,而

且，盐还带有漂白和杀菌效果。假如担心能不能洗得白净，先要看看你用的木炭是白炭还是备长炭。因为备长炭是通过无数洗涤经验业已得到确认的洗涤用炭。

至于盐的种类，最好是含有天然矿物质的。要是担心盐分会不会损害洗衣机，尽可放心。因为洗涤时的盐浓度只有 0.01% 左右，尽可忽略不计。

这里要说明白，至今大家用其他洗涤剂洗涤而不能洗净的衣物，用木炭加盐照样不能洗净，可是平常的污垢一定能洗涤得干干净净。

据使用过的主妇们说，用于洗涤的备长炭能连续使用 6 个月呢。

▶木炭对净化屋顶水箱的存水有显著效果

通常为了供水方便，高层建筑的屋顶总要设只大水箱，而这种水箱往往清理不到位，造成二次污染。

其实，自来水从水源取水到净水厂净水过程、流经生锈老化的水管、储存在水箱等等一系列过程中时刻要受到污染的威胁，正引起越来越多用户的担心。

加上工厂、饲养场和生活下水的肆意排放，使得水质污染问题成为全国性的严重问题。面对污染度逐日加深的现实，最重要的是从我做起，各单位、各家各户都要管理好自家的用水，水箱的净化就成为当务之急。

这样才能让人放心饮用自来水，而且还能防止因为氯成分使得洗澡或淋浴时皮肤变粗或头发发涩或开叉的现象。

水箱放炭的场景

在水箱放炭，就会消除自来水的氯成分，能够放心饮用，洗浴时还能起到滑爽皮肤和头发的效果。

五、把木炭引进饮食文化

◆ 放进米箱能防虫

木炭因为有着防湿和产生负离子功效，能够防止米生虫、变质。以20kg米为准，只需分层放上直径3cm、长度10cm的白炭两三块，就不会生虫。当然这要赶在生虫之前放上才行,而且,米箱最好要放在阴凉而干燥的地方。

▶电冰箱除味非木炭莫属

电冰箱好是好,异味也比想象的多得多。

为了消除电冰箱异味,通常都要买电冰箱除味剂。要是晃动它,会听到沙沙的动静,也许有人对其成分纳闷,其实说起来很简单,其原料大都是活性炭。

大型冰箱需要每层放两块

活性炭就是强化木炭的吸附力的产品,其实普通的白炭就能起到同样的效果。只需选几块直径3cm、长度10cm的木炭分别放在电冰箱的各层就行。要是能用棉布包上就更好。

因为电冰箱里的空气是不断循环的,所以木炭要搁在冷空气流动的地方。电冰箱放炭,不仅能有效地消除异味,而且还会起到使贮藏的食品保鲜的作用。

▶蔬菜抽屉放炭,能够长久保鲜

有种气体叫做乙烯,是专门加速植物的叶或果实成熟的。这种气体能使猕猴桃、香蕉等成熟,

发出甜味,但使萝卜、白菜和生菜等烂得快。

木炭因为能吸附加速腐烂的乙烯气体,所以能阻止蔬菜在冰箱里成熟和枯萎,从而能够延长保鲜期。

只是需要后熟的香瓜和香蕉等却不要跟木炭放在一起。

▶消除水果、蔬菜的农药成分也要请木炭

先将水果和蔬菜泡在水里,再放上木炭放置15分钟以上,就能有效地消除沾染在蔬菜瓜果上的农药成分和有害的不纯物质。

▶酱缸放炭保美味

我们的祖先自古以来懂得酿造大酱的时候放木炭。要是放炭,木炭的多孔质能够吸附不纯物,而且木炭带有的矿物质还能溶进大酱当中,使大酱带有弱碱性。

木炭放射远红外线,使大酱能够均衡发酵,变得美味可口,而且其负离子放出效果能抑制大酱发酸、生虫。我们的祖先也许对这许多科学原理并不了解,但却懂得得心应手地应用木炭,算得上是来自生活的智慧。

这种智慧,即使在最尖端科学技术和食品工艺高度发展的今天,也牢牢占据着酿造业一席之地,守卫着我们的餐桌。

▶当作饼干和紫菜的干燥剂

在湿度高的雨季和洪涝季节,保管饼干和紫菜,要是能够利用木炭,就可以有效地保持干脆。

▶将煤气烤箱改造成木炭烤箱

用煤气烤箱放上烤架烤肉,通常要在烤架下面搁水,假如用大小适中的白炭块代替水盘,不仅比放水的时候更容易烤熟,而且其风味也变得更加可口。

可以感觉到木炭的辐射热从下面发散来,烤箱上面变得活像木炭烧烤的模样。根本就不用担心烤糊,而且冒出的烟和肉味也要被木炭吸附,烤得异常均匀,烧烤的时候也不见有肉汁滴在炭上。

用过一次的木炭可以留着,连着使用五六次,也用不着像放在水中的时候那样费心地清理。

▶煮米饭放炭保美味

1993年,日本因创纪录的夏季冷害,遇上大欠收,粮食

木炭拯救性命

——徐徐揭开的秘密

很是缺乏。日本政府于是从加里福尼亚、奥地利和泰国等地进口大量大米,以满足国内需要。

可是进口的大米却没有国产的好吃,特别是泰国米没有一点黏性、像一盘散沙似的,而且还有异味,一点不对日本人的口味。我国老一辈的人,也许还记得"六·二五"动乱之后吃有异

味、没有黏性的南方米的日子。这时,日本的木炭专家试着在用泰国米煮饭的时候放上几块炭。果不其然,饭一下子变得既柔软又可口,而且,还去除了泰国米特有的异味。据说,后来米店干脆一旁放炭,将泰国米和木炭一起出售。

这件事证实了煮米饭放炭确实能保证美味可口,那么,为什么用木炭能煮出美味可口的饭呢?前面已经说过,木炭能放射远红外线。就是这远红外线随着做饭的温度放出来,钻进米粒的深处使其熟透,而且木炭释放出矿物质,钙成分在饭熟的过程中放出可口的味道。木炭还能净化做饭用水当中的不纯物,等于用洁净的矿泉水烧饭,那饭不好吃才怪呢。

▶具体烧饭方式

如同净化自来水时一样,先用清水把木炭洗刷干净,然后再煮沸消毒之后晒干待用。作饭用水量也同平常一样,大概0.31米放一块直径3cm、长5cm左右的木炭就行。木

炭宜选用白炭、备长炭等硬炭。

用过一次的炭,要用水洗干净,在通风阴凉处晒一天左右。每使用10次,需要煮沸一次,就能保持使用效果。放炭的附加效用还有一条,那就是即使烧糊了饭,也全然没有糊味。

▶保温饭锅放炭,防止氧化

在电饭锅里保存剩饭或保存冷饭的时候,只要放上一块炭,就能收到意想不到的效果。

电饭锅里的饭变黄、有味或失去黏性等等都是加热过的食物经过一定时间就要被氧化的明证。木炭不仅能防止氧化,而且还会吸附气味。这种保管方法不仅能用在一般家庭,而且适合大型食堂或集体供餐单位保管剩饭。

▶油炸食品放炭,香脆可口

烹调油炸食品的时候,在油锅烧热之前放上干透的木炭,然后再油炸,就会借助木炭的远红外线效应,热传导得快,能够渗进油炸物的深处,就会炸出香脆可口的油炸品,颜色也好看得多。

由于木炭能够吸附油里含有的不纯物质,还会延长油的氧化,所以油能用得长久一些。

在油炸过的油里放上一块新木炭,就会阻止氧化。但是要注意的是用过一次的木炭,不能再重复使用,而且,加热过的炸用油氧化得很快。过氧化脂肪会积淀在体内,吸附在血管内壁阻碍血液循环。这会成为引发动脉硬化的因素,一旦发生了动脉硬化,会成为中风、心肌梗塞等可怕成人病的直接诱因,而且还是老化的直接原因。

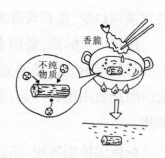

那些重复使用炸用油的炸鸡块等堪称是过氧化脂肪块,最好是不吃。

▶辣白菜放炭,保鲜持久

把木炭放在辣白菜桶里辣白菜就不会发酸,能够较长地保鲜。

要是放在水泡菜里,木炭所含有的矿物质会溶解在泡菜汤里,成为矿泉水泡菜汤,同时还能过滤不纯物质,使得泡菜更好吃。因为水泡菜关键在于用什么水,特建议不要用散发氯味的自来水,而采用净化水。

▶泡茶水用的水也要放炭

泡茶或泡咖啡用的水,要是能够放炭烧开,茶味会更醇厚,回味深长。自古以来,我们的祖先熬汤药,总是要用放木炭的水,可见古人已明白这一道理。

那当然是因为木炭里能溶出矿物质,而且还能吸附异味,消除茶叶中含有的各种不纯物质的缘故。

▶用木炭过滤的酒使酒徒倾倒

①国内最大的酿酒公司（株）真露，在所酿的烧酒"真露"中使用两次用竹炭过滤的水，消除了杂质和不纯物质，使得酒味更加醇厚。这种酒正在风靡国内外烧酒市场。

这正是利用木炭多孔体的净水能力的好例子。竹炭表面积比一般白炭大得多，平常的白炭每克表面积达 $300m^2$，而竹炭每克表面积竟达 $700m^2$ 之多，不纯物质的吸附、除味效果当然要好得多。

"真露"正是利用了竹炭这一卓越的过滤能力，酿造出洁净的酒，才能独占烧酒市场。

②日本一家酿酒公司1998年从传统技术中受到启发，酿造出竹炭过滤的纯日本式洋酒威士忌"膳"。

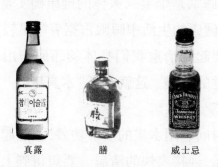

真露　　　膳　　　威士忌

这"膳"酒有别于欧洲风的威士忌，口感柔和，后味爽口，更容易被东方人所接受。为了这一独特的口味，采用了700℃高温烧制的竹炭。竹炭以 600~700℃ 为界，成为带传导性、大大扩大吸附力的临界温度，对木炭质量产生莫大影响。"膳"酒便抓住这一临界温度,把它当作决定威士忌独特风味的决定性温度。

一开始他们使用的是吸附力优异的活性炭,结果连香味也一并消除,只剩下单一的酒精味,这成了令人回味的经验。

③美国也有用木炭过滤的威士忌,叫做"杰克达尼尔"。杰克达尼尔采用让刚刚蒸馏好的原酒通过枫树木炭层,然后再储藏的办法,酿制出带有独特醇厚风味的威士忌。

六、睡眠中获得健康的木炭活用法

▶木炭制品活用法

有道是"睡眠是个宝",人体的健康确实是晚间形成的,也就是说,在健康的生活中睡眠占据着举足轻重的位置。

木炭则要起到治愈我们身体的还原作用,这一作用尤其适用于睡觉的时候。这就有了"木炭床"、"木炭垫子"和"木炭枕头"等。

在睡眠时间利用木炭的多种功效,就能起到充电作用,吸收生命能量,迎接爽快的清晨。要想得到上述功效,床上用品至少要使用达到以下几项标准的木炭:

①须为高温烧制的白炭。(确保传导性、电磁波阻隔、切断水脉、发生负离子、高度远红外线放出能力)

②木炭多孔体的表面积要大。(除味、吸附能力)

③一定要坚硬,相撞要有铿锵的金属声,用锯子都无法割开。(坚硬如石头的木炭的粒状化,能够承受沉重的体重,不至于化为粉末)

④含碳量一定要高。

⑤要是具有能够沉入水底的重量就更好。

附言一句,上述木炭制品一定要具备通气性,这是最基本的要求。因为木炭的基本功效无不以良好的通气性为基础,所以,切忌装在通气性受到限制的塑料袋子或套上防水材料。

那么为什么说老人和病人尤其需要炭枕和炭床呢?

人们一上了岁数,代谢能力就会降低,细胞氧化则要加速,使得细胞还原能力下降。氧化与还原作用就失去了平衡,这就是通常所说的老化。

木炭则是个碳素块,它能诱导和聚集宇宙空间的自由电子,并加以蓄积,供应到能量不足的地方,所以,我们的身体能量不足,失去了平衡,便能从木炭得到补偿。因此,在日常生活中亲近和使用木炭制品,就能获取电子能,有效地防止氧化,减缓衰老的步伐。

尤其是病人或老年人,不同于年轻人,自然治愈力和免疫力都很低,需要在净化的环境——消除了有害物质和恶臭、湿气、电磁波等的空间生活。

这样才能推迟老化,治愈疾病。亲近木炭制品就是防止老化、治愈疾病的有效对策之一,特别是老年人或体弱多

病的人,最好不要贴身使用电气制品。(电褥子、电剃须刀、电垫子等)

下面就是使用过木炭制品的人们的神秘体验。

①夏季不潮湿、干燥清爽,冬季温暖,容易熟睡。

②恢复自律神经的平衡,带来精神安定。

③在睡眠过程中寒症、腰痛、肩周炎和哮喘等症状得到改善。

④能够呼吸到清新的空气。(污染的空气会使皮肤感到紧张)

⑤眼睛的疲劳、鼻塞、鼻炎、咽喉疼痛等症状得到缓解。

▶木炭床

认为恢复疲劳需要长时间睡眠是错误的。因为睡眠时间和疲劳恢复度并不成正比。

靠能够渗透到体内深处的远红外线温热效果和负离子的发生、吸汗、脱臭、净化空气等功效,获得令人吃惊的熟睡,第二天会神清气爽

假如是健康的人,只靠短时间睡眠就能恢复疲劳,但老人和病人多是终日昏昏沉沉的。

需要长时间的睡眠,其实就是身体能量下降的信号。其实人人都会感到疲劳,即使是健康的人忙完一天的工作,也会积聚疲劳,成为接近于病人或老人的状态。

这种疲劳要靠进食、睡眠等恢复,使用木炭床则能够加速恢复速度。

炭床的材料最好是木质的。

木炭则以高温烧制的坚硬的柞木白炭为宜,最好采用价钱稍贵但性能优异的备长炭(最高级的白炭),以没有缝隙地塞满为宜。大概需要200kg左右的白炭即可。

目前,国外已有许多人在亲身体会炭床的神秘效果。那么,使用炭床和炭枕具,为什么能获得熟睡呢?

那是因为木炭具有的供给负离子和远红外线功效,开通体内的毛细血管,活跃血液循环的缘故。

有道是"不通则痛",开通毛细血管意味着身体能够平安。这样氧气和养分就能搬运到身体的每一个角落,那样就会活跃血液循环,新陈代谢也会得到促进,我们也就能够获得好的睡眠。

木炭床固然是枕具之王,美中不足的是价格偏贵。笔者认为,不一定非要买什么炭床,可在已用的床下填充白炭,这可说是经济有效的木炭床。

▶可助脑神经安定的"炭枕"

有人说"选择好枕头,就选择了健康",这当然是指枕头的好坏同睡眠质量有着密不可分的关系。因为枕具是与人体最重要的部位——头部直接接触的,其选择自然非常重要。

经试用已确认,炭枕不仅仅对改善睡眠有效,而且对颈椎病、肩周炎、腰痛、头痛和神经痛等各种痛症和眼部疲劳、白内障、高血压和狭心症等心脏疾病也非常有效。

枕头不仅仅是睡觉用的枕具,也可以直接抵在痛处,当外用止痛工具。假如是腰部疼痛,可将枕头抵在腰下,做简单的运动。木炭的波动能量会起到止痛效果。我想这种效果是远红外线温热效果和为疼痛部位供给负离子引起的效果。

炭枕不仅手感凉快、清爽,而且由于远红外线作用头部和颈部肌肉、肩部等会感到温热,使人一躺下就能熟睡。炭枕是采用高温烧制的白炭粉碎成粒状体填充而成的。

最近,笔者看到一种冠以炭枕名称的枕头,里面装的却是切碎的细塑料管。要知道,这里所说的炭枕并非这种名不副实的货色,而是真正填充白炭的枕头。枕惯了柔软枕头的人,乍一换成炭枕,可能会觉得太硬,不大适应,可是只需一星期就能习惯,觉得没什么不适了。

除异味,发生负离子,除湿,温热效果,刺激脑后部经穴

枕头的高度,太高或太矮都会使颈骨弯曲,引起不适,以普通体型为准,女性以 4～5cm、男性以 5

除异味　发生负离子　除湿　温热效果

刺激脑后部经穴

~6cm为宜。颈骨(颈椎)要是弯曲了,容易造成颈部疼痛、背痛、腰腿疼痛和头痛。使用枕头的时候,面部的角度以5°为宜(有句老古话叫做高枕短命)。

如今,枕头不再是一种单纯垫脑袋的枕具,已发明出符合人体骨骼结构的健康枕头。最近获得韩国发明奖的这种枕头,设计成平卧时颈部稍高、后脑勺放低,而侧卧时则让头部抬高,以照顾肩部的厚度,这种人体科学枕头已投放市场。

炭枕能够刺激头后部的经穴。因为木炭具有适度的硬度,所以能对头后部施以适中的刺激。后脑有着风池、脑户和玉枕等穴位,这些穴位得到刺激,失眠、头痛、高血压和各种眼鼻症状能够得到有效缓解。

▶炭垫

木炭垫子为大大有助于各种久卧病床的人,即中风、半身不遂、车祸等卧床不起的人和常年住院、疗养的患者和老年人健康起居的产品。

那些久卧病床的人,因为常年躺着生活大都血液循环不良。这时候使用炭垫,就能使面色红润、还能除湿、除异味。

前面已谈到,木炭有着卓异的除湿效果。炭垫不会发潮就是这个缘故。通常一个人在一夜睡眠出的汗,据研究竟达到1~2杯之多,枕具潮湿该是理所当然的了。

日本医学博士牧内泰道指出:"睡在炭床和炭垫上面,

能够得到完全的熟睡，是因为木炭具有还原作用，能够排除人体氧化物之故。而使用电热毯、电垫子等，因为睡眠中内脏得不到休息，则会加速体内氧化，可导致神经异常。"

·一个人在一夜的睡眠当中大约要排放1~2杯汗，而炭垫则有着卓越的吸汗功效，能保证良好的睡眠。

·最适合于久卧病床的人和需要清醒头脑的考生。

·大约一个星期一次需要在阴凉处晾干后重新使用。

可是，因为天冷等原因非使用电热毯不可时，需要加垫炭垫，以防电热毯直接跟身体接触。曾对使用炭垫的人进行过设问调查，收到的回复中除味效果达到100%。

另有70%左右的人回复道睡眠良好，身体温暖了等等，也有人回答说血压正常了。

在我们的社会人口逐渐老龄化的今天，木炭垫子必然要在现代人的生活中占据越来越重要的位置。

当然，普通的健康人睡在炭垫上面，更能在睡眠中获得健康，是再好不过的了。

炭垫和炭枕最好每个星期一次在阴凉处晾干,因为在太阳底下晒干,生存在木炭多孔体里面的有益微生物有可能被紫外线杀死。

▶令人关注的负离子炭垫和炭枕

据离子测试器测试,现有炭垫的负离子放出量通常为每 ml 不足 70 个,而能放出最适宜于人体的每 ml 800～1 000 个负离子的新产品炭垫和炭枕刚刚问世,引起世人瞩目。

睡在这种释放最适合人体的负离子的木炭枕具上面,能收到如同睡在树林中的效果。

正如本书第四章木炭的基本功效和作用中论述的,负离子的效果堪称是预防医学的起点,也是当今这样的污染时代守卫健康生活的出发点,因为负离子数的指标能够左右人们的健康。

恢复健康的最佳环境当是微风拂面的林中,也可说是瀑布和溪谷的环境。因为这些地方就是负离子优势地带。新问世的炭垫、炭枕是进一步强化木炭本身的负离子发生量的新一代健康产品。

▶炭坐垫

那些一整天坐在办公室的人们和整天握着方向盘的司机需要利用"炭坐垫"。

炭坐垫能放出负离子,安定身心,使脉搏和血压趋于正常,能使人神清气爽,提高注意力。

①特别是像司机这样生活在密闭而有限的空间的人

们，更需要应用木炭基本功效——净化空气、消除异味、除湿和放出远红外线和负离子等。

炭枕

②其次，患有严重痔疮的人使用，则因防腐效果、除湿、吸附和消除不纯物质和病毒等功效，能够大大地缓解症状。笔者认为炭坐垫是那些总以坐姿工作的司机、职员、电器操作者、应试考生、文字工作者和缝纫工等必不可少的健康用品。

③还有那些练功和祈祷的人，能因为负离子的供应，提高注意力。

▶木炭眼带

眼睛时常感到疲劳的人或患有失眠症的人可采用"炭眼带"，保持安静、恢复疲劳。

长时间读书、看电视或操作电脑、玩电子游戏机，眼睛就会备感疲劳，失眠的人的情况也差不多。这样的眼睛积淀着很多正离子和疲劳物质，可应用炭眼带予以改善。

炭眼带

眼睛恢复了疲劳，还有助于降低血压。因为眼部有许多神经联系到脑部，所以眼部的疲劳能很快传递到脑部。

这样，脑部就会感觉到疲劳，将有关信号传递到全身，使血管得到收缩,血压就会上升。所以,要想不让血压上升,就要防止眼部疲劳。

▶炭护颈带能够缓解颈椎病、气管炎、哮喘和甲状腺等症状

炭护颈带

▶炭口罩

炭口罩

人们也许对刚刚过去的"非典"记忆犹新。在非典流行期间炭口罩应运而生,为净化空气、预防感染起到应有的作用。当然,炭口罩种类繁多,其质量也良莠不齐。笔者建议,作为家庭常备医药品,一般家庭也应选购质量有保障的优质炭口罩,以备不时之需。这样,虽说作用不及防毒面具,但同一般的纱布口罩是不可同日而语的,其预防作用能达到95%左右。

假如在使用之前能用木醋液喷洒一遍,效果将更好。

▶消除失眠,清爽一日的竹醋足贴

配合炭垫和炭枕的使用,假如能在足底涌泉穴贴上竹醋足贴,就会温暖足部,在睡眠中促进体内废物和毒素的排

放,使人熟睡,早起会感到神清气爽。
这种足贴是将竹醋液(冷却烧制竹炭冒
出的烟得到的液体)加以精制后弄成粉
末制成的。众多使用过的人,均得到满
意的疗效。

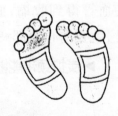

竹醋足贴使用法

七、木炭美容护肤品

利用木炭良好的吸附能力制成的
木炭美容护肤品,能够吸附毛孔污垢和皮肤脂肪、污染物质
和化妆品毒素等,恢复健康洁净的肌肤,并能提供天然矿物
质,带有远红外线效果。目前已有洗发精、香皂、面膜和毛
巾等产品上市。

木炭香皂

八、木炭餐具

市场上已有利用木炭远红外线效果与黏土混合烧制的饭锅、煎锅、砂锅、药罐、汤锅、酱缸和咸菜缸等,受到识货者的欢迎。

九、木炭衣物

利用木炭的抗菌、防湿、放射远红外线和负离子等作用制成了内裤、袜子、背心、帽子、鞋垫、混合棉和被褥等产品。

各种木炭衣物

十、炭道高雅的作品世界

和茶道、书道、香道等一样,有专门利用木炭追求精神世界的炭道人,下面是他们的部分作品。

竹香花炭工房
（梁贞子会长作品）

洋葱炭

力
（日本金丸正江）

十一、炭饰物和炭宝石加工

运用备长炭坚硬性能的手链、手镯、耳环、项链、手机链、风铃、108 念珠、丹珠、合掌珠、印章、花盆底座、尿失禁用具、妇女子宫清洁器、胸花和戒指等等精工细作的饰品，因其净化身体、促进血液循环等功效被当作准宝石，售价也很高。

炭饰品

同样,运用竹炭性能的竹炭饰品也在不断增加品种和用途。

十二、木炭在医疗设施方面的应用

在建筑新病房的时候,可采取埋炭,使用含炭墙壁、天棚、地板、壁纸和病房放炭等措施,建设成体贴环境的医院,从而改善病房环境,成为拥有清净空气带来的眼睛无法见到的治愈效果的医院。因为病房放炭有着把自然的树林搬到病房的效果。

因为木炭具有净化空气、除湿除臭、发生树林中富有的负离子的效应，所以可说发挥着天然林所起的作用。

对久住医院的病人，炭垫有助于背疮、褥疮等的治愈和预防，对衰竭的病人有着补气健身的作用。假如不想听到住进医院，病情反而更加重了的埋怨，现在是到了大力改善病房环境的年代了。现在有眼光的医疗工作者正在大力挖掘和活用木炭的神力，木炭的作用在不断扩展。

十三、寺庙和修道设施的木炭应用

寺庙历来是讲究埋炭的地方，有据可查的就有合川海印寺、金山寺和佛国寺等。这不仅有着保存寺庙建筑、经书和佛具的意义，而且还有着提高土地地气，将修道和参禅的场营造成修行精进道场的意义。

地基埋炭能够保障地磁场的安定，还能使负离子上升到地表，起到安定身心，防止地上所有物质腐烂的作用。（木造建筑、壁画、经书和佛具等）

传说国内几家寺庙（晋川宝塔寺、安东和平寺）竟在冬至分吃四月初八供在佛殿上的西瓜，足见埋炭对地上所有物质有着防腐效果。马王堆古坟千年不腐的古尸就是一例。

建议山寺的木制房屋，在法堂和地板下的空间填充木炭,以调湿、除味,防止建筑破损,同时取得提高修道参禅场的地气的效应。

十四、木炭——健康住宅的好建材

有毒的住宅建材正威胁着人们的健康居住生活,这已经成为严重的社会问题。因为人们长期依赖那种所谓的物美价廉又能大量生产的化学制品建材,使得人们的居住环境成为长期释放有害化学物质的高密闭型空间,引发了好多与居住环境有关的疾病。

那么,怎样才能使用体贴环境的材料,建造健康住宅呢?人们倾注着孜孜不倦的努力。经过探索和比较,人们发现可把天然材料木炭的多种效应应用到建筑。木炭现已广泛应用到建材开发领域。

看其具体事例,从把炭粉掺在水泥浆中以减少水泥的毒素的墙体工程开始,已开发出天棚材料、木炭壁纸、木炭糊墙纸、炭地板胶、炭地板、炭油漆、配炭沙浆和地板下铺炭等等,已应用到几乎全部的建材当中。

只要人们建设没有污染物质释放的健康住宅的努力不断,木炭的需求量将会持续增长。

21世纪人们崇尚的居住理念是健康住宅。那些敏感的、引领潮流的建筑业者已经开始在自己的商品房广告中突出使用没有化学物质的体贴环境的建材这一点,政府也开始把公共设施管理规定法律化,以便监督和管理有害化学物质的释放。

十五、借助木炭,营造永久健康住宅(埋炭)

▶埋炭是提高建筑用地磁场的有效手段

顾名思义,埋炭就是把木炭埋入地下。这是利用碳素

各种木炭建材·木炭油漆

的特点,把我们生活的能量和地气衰竭的土地变为磁场优越的土地的技术。

碳素带有诱导和积蓄宇宙空间的能量(电子),供给电子不足的特点。

为了活用这一特点,可在地基埋炭,利用覆盖着自然界的宇宙能,预防生活在大地上的人、动物、植物和所有物质的氧化,助其生长,延长物质的保存期。对人类则切断水脉、形成健康生活的场,营造不会致病的空间环境。埋炭可说是基于这种目的的宇宙能放大装置,是地球能量激活方式。

换句话说,是利用碳素的性质,发挥人类智慧,将劣地变为好地。

▶地球上的土地为什么会有好坏之分?

我们居住的地球正以每小时1700km的惊人速度旋转

第五章 不断扩展用途的神奇木炭◆

着,这时作用于南北的磁力线和东西磁力线交叉的地方产生电磁场能,也就是产生磁场。

提高土地的电力,磁力同时会得到提高,就会成为电磁力高的地方,也就是气和能量强烈的地点。

而这种磁场会大大影响到生活在其上面的人、动物、植物乃至建筑物等所有的物体。因为地表散布着山、溪谷、丘陵、河川和大海,凹凸不平,因此地球磁场的强度也会不尽相同,从而产生了磁力强的地点(优势地带:治愈的土地)和弱的地点(劣势地带:气缺乏土地)。

文如其义,优势地带就是磁场高,气势日益旺盛的(还原)土地,相反弱势地带是指那些因磁力弱,导致地气和能量衰竭,使得物质的气势衰退(氧化)的土地。

自古以来就将肥沃、收成好的土地,叫做上沓,把那些贫瘠而收成不良的土地称做下沓。

和耕地同理,也有不好的宅地。有道是搬家难过三年,有些人家搬进新居忧患不断,不是这个病就是那个痛,最厉害的还有一家一年发生3个癌症病人的记录。而这种现象和居住地的地基不无关系。

有句老古话,叫做"人挪活,树挪死",遇上不好的环境,人倒可以搬家,但是牛、猪和鸡羊、农作物等得始终呆在饲养场或栽培地的同一环境,所受劣势地带的影响将更大。

现在,地处劣势地带的饲养场、水旱田和"大棚、温室栽培"农业也开始埋炭,以改变劣势,争取更好的收获。

▶埋炭——营造人与物质非氧化地带

高温烧制的木炭具有高传导性,有着聚集自由空间电子的能力。若在一定的地点,选取 5~9 个地点埋炭,就会产生磁场,而这磁场靠地球转动产生的离心力,会徐徐扩张,其影响也不是平面的,而是立体的。

在埋炭的地点插上铁棍,会慢慢变成磁铁就是证明。也就是说,会变成生命体或物质不易氧化的地方,使得物质长久不氧化。

前面多次提到的中国马王堆一号汉墓侯夫人的遗体千年不腐,就是因为应用了我们的前人埋炭的智慧。

"人往高处走,水往低处流",所有的物体从高处往低处流动就是自然的规律。

身体疲惫时假如走到正电位高的地方,靠电位差就会吸收负电子,疲劳就会得到恢复。

因为电子具有从高处流向低处的性质,所以电子物质高的碳素就会把电给予周围电子欠缺的人、动植物和物质,而健康的人或动物的电子也会流向密度低的发生氧化的方向。也就是说,即使是健康的人,一旦到了医院等环境不良处,就会失去电子,所以容易感到疲劳。

这时候,要是带着木炭去(譬如探病),即使失去电子也能从木炭积蓄的电子中得到补充。

▶身处劣地,易患癌症

有报告指出:生活在地势恶劣的地方,癌症发病率就高。美国著名学者、诺贝尔奖获奖者、美国国立癌症研究所所长阿尔巴托·山托捷尔基博士提出有关癌细胞生成过程的新理论："在人的细胞的增殖过程当中电磁场在起着作用，但癌细胞却跟电磁场没有关系。健康的人终止细胞分裂的就在电子均匀的磁场上。"

据该博士的理论，假如没有了这一磁场，细胞生长就会失去平衡，从而会引发癌症。博士通过白鼠的肝脏作实验，证实了这一理论。

▶ 风水宝地和磁场优势土地

即使在尚无辨别土地优劣一定检测标准的古代，那些建造在名山幽谷的古刹却几乎全都建造在磁场优势土地及没有水脉之处。我们不得不敬佩古代风水先生的智慧和直观力。

而且可以推知，古人肯定明白变劣为优的诀窍，就是采用埋炭等方式变劣势地为优势地。那些著名寺庙地下发现的木炭，就证明了这一点。

甚至那些野生动物、飞鸟、鱼类也能靠着生存直觉，栖息在电磁场优势的地方。

想来在远古时候，我们人类也像动物那样靠着生存直觉，挑选自己的栖息之地，可是在科学技术发展日新月异的今天，理应用科学的智慧改变我们生活的环境，将我们生活的住宅、店铺、办公室、医院和饭店等地的劣势土地改变成优势土地。

利用埋炭法,将被化学物质污染的土地、垃圾埋入地、河川、丘陵和横截地等,将劣势的土地改变成优势土地,成为 21 世纪建筑产业新的追求。

不是千方百计寻找风水宝地,而是改造条件,把任意的地方变成风水宝地,埋炭法让人们梦想成真。

▶埋炭住宅的居民寄来的效果体验报告(日本)

营造了磁场高的房屋。室内没了潮气,总是豁然开朗的气氛。夏天凉爽,冬天不冷。消除了建材的气味。屋子里不生虫。走进家里,感到身心宁静。大酱不发霉了。一家人都很健康。

庭院的果树有了 3 倍的收获。买来的瓜果蔬菜也能放长久。老鼠不见了,屋里也没有了苍蝇。庭院的树木异常葱郁,枯木重逢春。水井的水质改善了,水味甘甜。卫生间也没有什么气味了。

猫狗只睡在埋炭的上面。针变成磁铁。孩子的哮喘好转了。金属类不生锈了。即使喝多了,也没有宿醉。高血压缓解了。

地铁和汽车的噪音减少了。剪刀和菜刀被磁化。池塘里的鱼不生病了。白蚁也不生了。雪化得很快。家人去医院的次数少多了。夜里不做梦了。冷

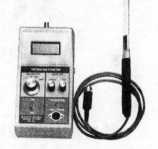

地磁场计

※可检测地下地磁气,埋炭地点、确认优势土地和劣势土地等(美国产品)

气、暖气费用减少了。

地磁场的变化还会影响到血压和脉搏。埋炭最好时机当然是建新房的时候，但是老屋也可采用侧沟法（周围挖沟埋炭）等补救。埋炭效果堪称是半永久性的，能够扩大住宅能量，克服风水学上的缺点，改良土壤，交换离子，阻隔电磁波，防静电，成为康复治愈的空间。

埋炭的神力　　木炭

▶埋炭为什么要采用高温烧制的炭？

埋炭用的木炭，以采用电阻低、炭化好的高温烧制的白炭为好。虽然这种木炭价格高一些，但较为理想。

因为需要结晶结构多的结晶木炭，而木炭烧制温度越高，传导性越大，电阻越低，也就更能形成多结晶。

只有这样，即使用微弱的能量也能诱导木炭排放电子，从而积蓄更多的电子。

这样木炭就会带负电,和周围发生更大的电位差,其结果使地表释放出更多的负离子。

▶根据地势所分的3种类型和埋炭效果的测定

通常,宅基地和耕地根据其电位差,可分为三大类。

电位差根据地表部位和地下放射的方向不同,而分为优势地和劣势地。

优势地(治愈的土地)地表(地上)比地下电位高,而且地下有着向地上放射电子的特点,所以地表总是积聚着丰富的电子,形成负离子层,使得地表的人、动物、植物和物质充满生机,不会氧化,从而成为治愈的土地。

劣势地(气衰之地)则与此相反,地表部的电位比地下低,电子从地表流向地下,使得地表呈现电子不足的状态,从而成为气衰之地,人容易发病,物质容易腐烂,农作物的生长亦不良。

大自然中最多的是既不优势也不劣势的中间状态的土地。那么,埋炭最有效的就是对劣势地和中间地了。

测定电位差,固然需要精密的电位差仪,但是地下放射的电子并不具有多大的能量,所以很难测定,这种时候可使用测定地域环境的波动频率的仪器。

电子放射到地表,自会引起波动,以相应的频率发射,所以测定地表的频率就能判明电子不足还是充裕。

利用这种仪器可以辨明所测地带是适合人的健康和植物生长的健康波长带(0~10Hz),还是疲劳波长带(12~

18Hz)乃至致病波长带(19~23Hz)。

需要附言的是即使是不利于健康的波长带地区,也能靠埋炭,改变成健康波长带地域。

▶埋炭功效原理

通常的埋炭方法是挖直径1m、深度1m的大坑,埋进大约300kg的高温烧制的木炭,然后用挖出来的土重新埋好。这样就能引发下列现象。

地下埋设的木炭和土壤中含有的微弱的地电流相冲突,诱导发放出木炭含有的电子,使得木炭成为负电位,从而同周围发生电位差。

其结果,由于电流从高处流向低处,电子则从低处流向高处,所以从地下的木炭往地表放出电子,使土地放出负离子。

据实地测定,埋炭大约1周之后埋炭地点即会发生大幅度电位差,就会看出利用地电流这一天然能量,埋入地下的木炭往周围放射电子。

前面多次提到的中国马王堆一号汉墓出土的女尸,历经2000多年,竟宛若死后4天的状态,就是得益于棺椁四周埋入的大量木炭(5t)持续放出的负离子,以及木炭所具有的卓异的调湿效果,这是已有定论的事例。

我们从中可以看出,包括人类在内的一切生物的生命活动都跟电子密切相关。

埋炭不愧是利用木炭所具有的电子特点改善周围环

境,呵护生活在其周围的人类和生物健康的行之有效的办法。

▶**特别需要埋炭的地方**

包括健康住宅、店铺等新建房屋或翻扩建房屋、医院、老年人疗养设施、幼儿园、牙科医院、药店、化学药品店、美发店、理发店、食品厂、制药厂、饲养场、暖棚等栽培设施、果树园、水田和旱田等。

▶**埋炭的具体顺序及方式**

首先在需要埋炭的地点的中央、东西南北和南东、北东、北西和南西分别挖一个坑,共计9个大坑。各坑的大小原则上是直径和深度皆为1m,也可以挖直径和深度分别为1.2m和1.5m的稍大的坑。要是地形有限或店铺下面,也可挖5个坑。一句话,要因地制宜,具体情况具体分析。

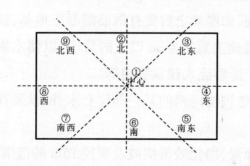

过去,把埋炭视为非常神圣的仪式。首先挖好全部坑穴,然后准备带冰块的水,按顺时针方向依次洒入坑穴,以驱邪,接着取天日盐(没有精制的粗盐)大约3kg,按顺时针

方向依次撒上。最后还要拿马格利酒和清酒依次洒上,以祈求新建工程的平安竣工、一家平安和事业发达。

　　接着,先放入20kg高温炭粉一袋,用水管注水,直到炭粉成浆状。用脚踩匀,等上大约10分钟,让炭浆充分吸水、变硬,接着再放进一袋,就这样埋到200～300kg为止。特殊情况下,也可将500kg乃至1000kg木炭埋进一个坑穴。待埋炭作业结束,洒上大约1l精制木醋液,再取3kg盐,在埋炭部位的中央堆成圆锥状,插上未加工的粗水晶,然后用挖出来的土重新加以填埋。插水晶是因为水晶有着电磁波动高的性质,意欲依此提高土地波动能量之故。

　　每一个坑埋好的木炭的高度,通常会达到1m坑口的大约2/3,一定要用挖出来的土重新填好。

　　假如是为了工程埋炭,地下总是出水,则最多要放100kg天日盐,然后继续埋炭。

　　而且,假如埋炭之后要打钢筋混凝土地基,就要在埋炭地点的盐峰插上直径4cm以上的管子,以便木炭的波动能量和负离子能够流入建筑物内部。

　　假如,建筑物地基的某一部位有水井,就要在放炭之后填死。

　　这样埋炭,净化效果能波及半径15m的范围,给土地增添活力,而且,这种效果不仅仅波及到一楼,而是整个建筑物均能受惠(大约40层)。

　　还能调节温度,防止害虫,阻隔土地里的放射性物质

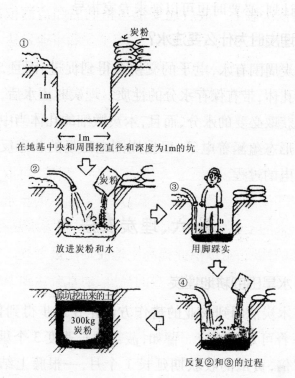

氡，使得建立起来的新屋充满活力。

假如不是新建房屋，是已有建筑，可以围绕建筑周围挖沟，再如法埋炭（侧沟炭），也可以

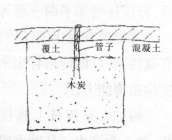

得到一定效果，但最好的时机还是新建房屋的时候。

埋炭效果的长久，已有好多事例证明，在此不再赘言。至于埋炭的具体方式，因为要考虑地形和周围条件，制定具体埋设计划,必要时也可以征求专家指导。

▶埋炭时为什么要注水?

木炭周围有水,电子的交换会得到促进,而且,因为木炭是多孔体,带有保存水分的性质。埋炭时注水后,可从地下持续获取必要的水分,而且,木炭微细的孔体当中以界面电子的形态蕴涵着电子,根据周围电磁场的状态反复着蓄电和放电的过程。

十六、埋炭农法

▶水旱田的耕地埋炭

将木炭活用到农业的耕作方法正在逐步得到普及,而且发挥着可观的效应。譬如,菠菜生长速度3个星期相差达1.5倍,黄瓜的收获期延长1个月,一根藤上结两个香瓜,糖度还增加了两三度等。这种效果也是半永久性的。

木炭具有的化学性质尤其令人称奇。木炭因为本身带有碱性,所以能使培育出来的农作物体质强壮,还有较强的抗病虫害能力。

假如在梨树枝上悬挂三四个装有木醋液的铁罐和奶瓶,就不会长虫。往叶面喷洒木醋液,还能增加糖分。

在梨树枝伸展的末端埋炭,坑的大小为直径20~30cm、深40~50cm,埋炭时一个坑洒上稀释的木醋液约2~3l。

梨树长出新芽之后,往叶面喷洒木醋液会使果味更香

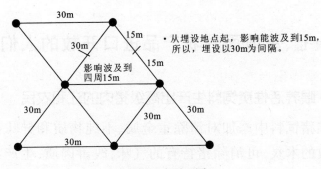

梨树埋炭平面图

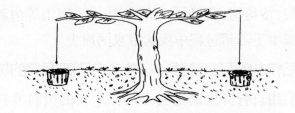

梨树埋炭剖面图

甜。木醋液需稀释 300~500 倍。要是树上喷上原液,有可能使树叶枯死。

埋炭地点

十七、勇敢面对农产品进口开放的人们

▶喂养活性炭饲料生产出高级猪肉的江和农民

在猪饲料中添加对消除重金属、不纯物质和异味有卓异功效的木炭,可消除猪特有的气味,改善肉质,生产出高级猪肉,打出品牌,开辟养猪产业新的活路,而且在饲料中添加木炭,使得猪内脏强壮、清洁,防止了腹泻等内脏疾病,有效地减少了养猪过程中疾病带来的损失。

▶把柞木炭添加到饲料中,创出"白马江"品牌的扶余畜协

他们用自行开发的适当添加柞木炭的饲料养猪,不仅改善了粪尿污染的猪圈的环境,还消除了猪特有的气味,降低了胆固醇含量,增加蛋白质含量,生产出肉质好、口味上佳的高级猪肉,并以出色的品质,形成了品牌,还在专利厅注册了商标。

据韩国食品开发院检验,用柞木炭添加剂喂养的生猪,因为完全没有使用抗生素,没有一点残留物,而且脂肪和胆固醇数值较平常的猪低得多,还含有大量的维生素和铁。

▶用活性炭、甲壳素配合饲料改善猪肉质量的济州人

济州岛原为清净地域,没有口蹄疫和霍乱等各种疾病。济州人就发挥这个优势,用干净的矿泉水和添加活性炭、甲壳素的特殊配合饲料喂养生猪,所产猪肉肉汁丰富、清淡爽口还劲道,而且脂肪层坚硬、肉质柔软、猪皮新鲜,打造了富

有国际竞争力的品牌,连口味最为挑剔的日本人也连连称叹。

▶全北高仓大山农协野心勃勃地独创"柞木炭白菜"

正值腌菜季节,"柞木炭白菜"这一品牌吸引了消费者的目光。这是利用柞木炭粉和木醋液栽培的白菜,是全北高仓大山农协1998年创出的品牌。在市场上跟普通的白菜陈列在一起,尽管价钱偏高,也要被消费者抢购一空。人们之所以喜爱这种白菜,并不是因其外表有多出色,而是因为它极少用化肥农药,口味极佳的缘故,它主要靠着消费者的口碑开辟了市场。

柞木炭白菜每1 000m² 土地放150kg炭粉,而且从播种到收获洒上3~4次木醋液,化肥使用量仅为一般白菜的1/3。这种白菜不仅口味极佳,而且储藏性能良好,因为供不应求,目前只能满足大型流通业体的需求。

▶用活性炭、米糠耕作法生产低公害大米的夫妻

分别担任过畜协和农协理事的金元国(47岁)、林恩淑(42岁)夫妻大力发展规模复合农业,饲养50头韩牛,种植2.5公顷草坪和2公顷低公害大米。他们利用活性炭农法和米糠农法生产出低公害大米,其价钱比一般大米高65%左右。他们还从2002年起引进田螺农法,筹划生产完全不用除草剂和农药的低农药品质认证大米。

▶炭大米"滑溜溜米"价钱高1倍,青睐者多多

"滑溜溜米"是出名的鱼米之乡全北金堤市竹山面部分

农户应用木炭和木醋液培育的绿色大米的品牌名。

这个品牌的大米,价钱高达一般大米的2倍,还是备受消费者青睐。品尝过这种大米的消费者们说:"用它做饭,又香又甜,确实不一样。"

木炭的主要成分为碳素和矿物质,它可促进有益微生物的活动和根须的成活、加速水稻生长,能够提高大米的品质。

他们把炭粉按 $3m^2/kg$ 的分量撒进水田,还喷洒木醋液,减少农药使用量,用田螺代替除草剂。现在这个品牌的大米只是指定的商店才有售。

▶执著于"生命农法"的"韩农村人们"

韩农村人们执著于不用农药化肥的有机农法,心甘情愿地在乡下与青山绿水做伴。

"韩农村人们"是总部设在庆北蔚珍郡西面王避里的营农共同体,由全国有志于绿色农业的7 000多名农民自发组织而成。他们共有370多户分住在全国12个地方,生活在海拔300~700m的没污染的山区,亲手用有机农法生产所有的食物。决不与方便、高产的农药、化肥和除草剂等妥协,只用木炭、木醋液配制有机肥、无公害堆肥,誓用天然农法保卫土地免受农药、化肥之害,亲手生产拯救生命的绿色食品。他们亲手在250多公顷水田和旱田,栽培无公害农作物,实现100%的自给自足。在组织内部还设有有机农业品质认证组,对全国12个共同体生产的农产品实施彻底的售前品质检查。

虽然,这个共同体的初衷是自给自足,但面对农药化肥培育的农作物泛滥成灾的现实,他们决心为市民的饮食生活尽微薄之力,正在向所在地区出售限量农产品,果然大受欢迎。

这一共同体的成员,在成为韩农村一员之前不过是平平凡凡的市民,其构成从大学教授到有前科的人,可说是应有尽有。从前程似锦的幸运儿到社会最低层的穷汉子,形形色色的会员亲密地携起手来,选定没有污染的清净地域,陶醉于大自然中,带着生产无公害农产品,保护国民健康的信念,忠实于自己的追求。他们生活的地方,也许就是沉湎于污染的空气和忙忙碌碌的生活的城市市民向往的世外桃源。

▶"韩农村人"的主要产品

萝卜、白菜、生菜、辣椒、苏子叶、洋葱、大葱、韭菜、莴苣、面瓜、菊苣、羽衣甘蓝、黄瓜、芹菜、地瓜、土豆、胡萝卜、大蒜、大辣椒、西红柿、葡萄、刺老鸦、粳米、黏米、糙米、白豆、高粱、黏小米、芝麻、野苏子、大酱、辣椒酱、酱油等。

▶利用木炭和木醋液创牌子,决不妥协的"顽固村"

在日本半山区长野县生产甘蓝和白菜等的横森君(61岁),在6公顷土地上年收入达6亿多韩元。因为是山区,一年只能耕作6个月左右,但还是创出了令人羡慕的高收益。他的秘诀就是品牌化和直销,而其功臣就是活性炭和木醋液。

日本有着决不向农药、化肥妥协,坚持用木炭和木醋液等生产无公害农产品的号称"顽固村"的绿色农业流通法人,他们组成全国性组织,推出自己的品牌已有12年之久,年销售额达80亿韩元。

目前,全日本用"顽固村"品牌生产农畜产品的农民已有3000多人,直接参加生产的青森君还担任着这家公司的职员。

"顽固村"品牌知名度越来越高,产量也在不断增长。横森君同东京15家店铺有着直销关系,收入颇丰。他们只需向"顽固村"流通公司上缴0.5%~1%的品牌使用费,其他所有的具体往来均由生产者直接同销售网点接洽,所以有望取得高效益。

横森君所属的生产者联合"顽固村"就是为了拯救被化肥、农药残害得千疮百孔的土地,而采用体贴环境的绿色材料木炭和木醋液,旨在生产无公害、无污染的绿色产品,恢复自然界生物原色的色香味,供给广大市民的组织,看来他们达到了预期的目的。

目前,顽固村生产的品种有青果、花卉、鸡蛋、鸡肉、猪肉、牛肉和水产品以及手工制作的火腿、香肠、茶、方便面、鸡蛋和豆腐等。

顽固村所采用的木炭和木醋液是日本九州米道里制药公司生产的涅卡利奇品牌,这是该公司经过20多年的反复实验和研究开发出来的拳头产品,已得到有关部门认证和鉴定。

现在,在日本的超市中我们经常可以见到"顽固村"品牌的各种商品。

在韩国也有类似于顽固村的组织,他们就是前面提到的"韩农村人"。他们也跟顽固村一样,执着于亲手生产的无公害绿色产品,正在大张旗鼓地投入到向全国普及只使用木炭和木醋液的清净农产品的运动中。

绿色鸡蛋不仅颜色鲜艳,其蛋黄还能用筷子夹住

用木炭和木醋液饲养的鸡产下的蛋,不仅色、香、味俱全,而且蛋黄富有弹力,竟然能用筷子夹住。

▶把命运寄托在有机农产品的中国农业与木炭

加入世贸组织后,中国认识到农业竞争的突破口就是生产有机农产品,他们积极推广有机农业的政策备受瞩目。

在世界范围内对有机农产品的需求持续增长的形势下,农药残留量大的产品将会失去竞争力,所以中国已建立主管有机农产品和食品生产和管理的有机食品发展中心。仅该中心认证的有机农产品栽培面积截止2000年年底已达到7000公顷,有机农产品出口额为2000万美元,年均增长达40%。

现在,中国理应积极推广应用木炭和木醋液的新农法,发展体贴环境的农畜产品的生产,降低对农药和化肥的依赖度,这才是可同先进国家竞争的行之有效的途径。

十八、木炭应用到家畜饲料

在鸡饲料中添加木炭,可使蛋壳坚硬,防止破蛋,鸡蛋品质也能得到提高,而且能提高产蛋率,大幅度减少鸡蛋特有的异味。肉鸡的过剩脂肪大大减少,肉质得到提高。

木炭用来养牛,奶牛的牛奶脂肪增加,味道更加鲜美;用于养猪,能够显著减少猪的气味,提高饲料效率,改善肉质,强壮内脏功能。

十九、海水、淡水养殖场的木炭应用

在渔业养殖领域,木炭广泛应用在饲料营养强化及养殖场水质改善等方面。应用最广泛的就是饲料添加剂。这种养殖用混合饲料在国内使用得还不大广泛,可日本已有多年应用历史。特别是米道里制药公司开发出木炭混合饲料,有效地减少了鱼类特有的气味,还适当增加了脂肪,使肉质坚硬,鱼肉呈鲜红色,而且使养殖鱼内脏强壮,提高饲料效率。

木炭还能大大改善养殖场水质。判断养殖场水质的好坏,有水温、溶存氧气、阿摩尼亚、亚硝酸盐和硝酸盐以及pH、BOD、COD等,虽然还有其他因素,但主要以上述几条为标准判断水质的好坏。污染水质的主要原因是养殖的鱼类的排泄物与剩余鱼食的堆积,形成自体污染。把木炭投放到养殖场,能够有效地净化这些污染源。当然使用添加木炭的饲料,也能起到减少排泄物污染的作用。

二十、小猫钻灶坑和炭窑汗蒸

用青松枝烧火,进行汗蒸的汗蒸棚文化,虽然有着悠久的历史,但如今只是在勉强维系命脉而已。据迄今600多年前的古文献《世宗实录》记载,当时为了治疗那些使用针灸不好治愈的病人，特划拨公款建造了汗蒸棚。

而且，世宗还亲自下令，让礼曹调查过汗蒸棚治疗效果。由此可见，当时已把汗蒸视为传统医学的一部分。

当时的汗蒸棚是与今日的桑拿浴无法同日而语的，采用的是高温黄土棚中披着麻袋发汗的方式。在150℃的高温蒸发出来的废弃物和毒素，与其说发汗，不如说是熬油。

我想古人或许在数百年前就已了解黄土的远红外线效果和解毒、净化作用，并把它应用到临床实践当中。可是，如今已到了无法随意砍伐松树枝当燃料的年代，而且汗蒸棚因其高费用和操作上的不便，正逐渐被单纯、方便的芬兰式桑拿浴所取代。

汗蒸棚

可是，因为我们民族喜爱高温汗蒸，这种芬兰式桑拿浴，随着高热远红外线放出式火蒸窑的问世，沦为一般浴池的设施。

火蒸窑因其远红外线效果能促进年老体弱的人群的血液循环，在城市里设施急剧增多，备受顾客欢迎，现在已逐渐大众化，利用年龄段也从老年人扩大到青壮年，可说是男女老少咸宜的新兴洗浴文化。现在正在兴起的炭窑汗蒸是利用烧炭后的余热的黄土窑汗蒸方式。这种方式对炭窑经营者可说是创造附加价值，对那些经营艰难的炭窑或许能有些许帮助,而利用这一设施的人们则会体验到无法跟麦饭石汗蒸相比的崭新的效果。

这对炭窑可说是一举两得。虽然看起来是同样的远红外线汗蒸,但炭窑汗蒸以其黄土和木炭相互交融的汗蒸方式,可取得相辅相成的效果。由于可靠的净化、解毒和治病疗效,现在兼营烧炭和汗蒸的炭窑在急剧增加。那些备受中风、皮肤病、关节炎和产后病折磨的病人到了炭窑病情得到很大的缓解。据说他们常用的赞词就是"到了炭窑就会出现奇迹"。据经营者介绍,顾客们异口同声地反映炭窑汗蒸使关节炎、神经痛、神经麻痹、产后痛、月经不调、痔疮、脚气、各种皮肤病、肩周炎、交通事故后遗症和中风等症状大大改善。

这种炭窑汗蒸有个缺点,就是炭窑通常坐落在容易取得原料的偏僻地方,所以城市人经常光顾有着交通方面的不便。

可是,老年人却有着较为充裕的时间,可经常利用,所以,炭窑汗蒸的主要顾客层就成了患有各种慢性病的老年病人。笔者曾亲身体验过炭窑汗蒸的神秘效果。笔者曾经到柏达岭入口白云柞木炭窑,在15分钟内发过4次汗,没有一点疲惫的感觉。假如在平常的大众桑拿浴不歇气地连发4次汗,可能早已累瘫了。可是炭窑汗蒸令人吃惊地毫无疲劳感。也许会有其他理由,但是进出炭窑尽情地吸入充满在林中的负离子空气,也会起作用的吧。这家炭窑还有一点令人回味无穷的乐事,那就是用刚刚从炭窑中扒出来的白炭做烧烤,使顾客品尝真正的白炭烧烤的滋味。

体验着炭窑汗蒸,不禁想起一桩趣事。那还是好多年以前,用木头烧饭、煮牛饲料的年代的事。笔者小时候有一天早晨突然发现小猫从灶坑中蹦出来。小猫怎么会从灶坑蹦出来?问了大人才知道,小猫要是哪儿疼了,会钻进刚刚烧过火的灶坑中蒸一夜,第二天又是活蹦乱跳的了。连无知的小猫都明白的灶坑汗蒸法,也许就是同现在的炭窑汗蒸法一脉相承的健康诀窍吧。

二十一、可望应用木炭功效与特点的领域

(1)环境净化材料的开发;

(2)保健医疗材料的开发;

(3)老年个体保护用品开发;

(4)粮食储备手段(储粮设施和维持米质包装材料);

(5)健康住宅材料开发;

(6)防止车祸对策;

(7)噪音防止对策;

(8)应用到生物技术领域;

(9)电磁波阻隔材料的开发;

(10)保鲜材料的开发(蔬菜瓜果包装材料、长期保存、运输材料等);

(11)出口食品保鲜材料；

(12)生活污水合并设施及材料开发；

(13)公寓、别墅、田园住宅埋炭取得售房差价；

(14)应用于音响效果；

(15)病房、老年设施环境改善设备；

(16)防止海上污染对策；

(17)文化遗产和经典绘画的保存对策；

(18)寒冷地带防冷害对策；

(19)应用于继续教育设施；

(20)应用于艺术家、作家等的作业场所；

(21)应用于参禅气功道场；

(22)抗菌牙刷架；

(23)陶瓷炭的开发；

(24)净水用生物活性炭的开发；

(25)食品厂、制药厂埋炭；

(26)多种颜色的木炭油漆的开发；

(27)木炭混凝土混合砂浆的开发；

(28)各种生活用炭垫的开发；

(29)医疗用(外用)湿布的开发；

(30)食用炭开发(食品添加剂——冷面、荞麦、海带等)。

第六章

木炭拯救地球环境

一、防止地球气候变暖的木炭

看起来,今年又是个暖冬,而且,春天和秋天好像转眼即逝。韩国素来以四季分明著称,可现在常有人说现在四季变模糊了。这都是地球环境的变化带来的地球气候变暖的结果。

延世大学金正宇教授预测道:"50年以后的韩半岛气温,大概要比现在上升平均3℃左右,降水量将增加3%~4%,淫雨和台风也将更长更强。"据说原因也是因为地球气候变暖。

气象研究所气候室长权元泰也指出:"过去百年间我国平均温度上升1.5℃,比全球平均上升值(0.6℃)要高,因而产生冬短夏长的现象。"

通常,日平均气温为5℃以下即为冬天,5~20℃为春秋,20℃以上为夏天。

根据上述标准,气象研究所所调查的20世纪20年代和90年代的季节如下:春季的开始从3月23日提前到3月5日,夏季从6月10日提前到6月1日,秋季则从9月10日推迟到9月14日,冬季从11月10日推迟到11月19日。

因此,气象厅预报官金承培指出温暖的春天和凉爽的秋天将转瞬即逝,而寒冷的冬季和炎热的夏季将愈加突出。

这种现象是由于导致地球气候变暖的二氧化碳的增

加。目前地球上使用的能源的 91% 为石油、煤炭和天然气等化石燃料。这些燃料燃烧后会产生二氧化碳。据说,因此大气中的二氧化碳每年会增加 1.5×10^{-6},也就是说,大气中的二氧化碳从 20 世纪初的约 280×10^{-6} 增加到目前的 350×10^{-6}。

大气中的二氧化碳增加了,虽然太阳的放射热能够通过,但会阻断地上的太阳反射热。好比温室的天棚,我们将此现象称为"温室效应"。

地球气候变暖行程中受影响最大的就是南极和北极。据说极地的温度上升将高达其他地区的 5 倍,特别是南极有着地球冰块的 90%,这些冰块要是融化了,海面的水位将在 10 年间上升 65cm 至 1m 左右。

像日本那样的国度"日本沉没"将不再是杞人忧天。水位真的上涨 1m,谁也无法想象世界上会发生什么样的事情。

本来地球本身带有一定的自净作用。海上的浮游生物和地上的树林会吸收放出的热量或二氧化碳。可惜,地球上的树木在日益减少,而二氧化碳的绝对量在急剧增加,两者失去了平衡,就引发了温室效应。

木材也一样,燃烧会产生二氧化碳,埋在地下则会腐烂,生成沼气。可是,木材要是炭化成木炭,碳素的 70% 会成为木炭,其副产品木醋液、木焦油也会以液体和固体形态被回收,也就是说,将木材不烧不埋用限氧方式加以炭化,二氧化碳的量将会大大减少。

所以,木质的建筑废材等不应烧掉,而要加以炭化烧成木炭。

当然,地球气候变暖的主犯并不仅仅是二氧化碳。据检测,与二氧化碳相比,沼气温室效果达10倍,氧化氮为100倍,而氟利昂竟高达10 000倍。因此,我国曾禁止作为汽车空调冷媒和电冰箱冷媒的氟利昂的使用。

木炭不仅对减少二氧化碳有效,还有着吸附和净化有害气体、净化水质、祛除异味、阻隔电磁波等环境净化功能。

二、呵护因酸雨枯萎的树林

下雨会滋润树林和农作物,湿润大地万物。落到大地上的雨,会蒸发成云,会再次化成雨,落到大地上。水的这种循环是重复成千上万年的周而往复的过程。雨可说是大自然对人类的祝福。可如今这种祝福里掺上了可怕的毒素,不能不说是人类的悲哀。

淋了酸雨,植物要枯死,江河的鱼类也要死,土壤被酸性化,还会打击渔业,井水会酸性化。这种残害人类的所谓的酸雨,就是pH值5.6以下的低数值的雨。

这是发电厂和工厂排放的烟尘含有的二氧化硫和汽车尾气含有的氧化氮所致。这种二氧化碳在大气中产生化学反应,掺杂在雨霜中落到地上,就是酸雨。

木炭拯救性命

——徐徐揭开的秘密

本来,雨应是中性,却变为酸性,成为 pH 值 5.6 以下的酸雨。

酸雨的危害 20 世纪 60 年代开始于北欧,80 年代扩散到全欧洲,现在北美也深受其害。

在瑞典,9 万处湖水中已有 1 800 处因酸雨成为鱼类无法栖息的死湖。因为这种酸雨没有国界,能够随风飘荡到世界任何角落,所以欧洲称之为"绿荫黑死病",中国则称为"空中鬼",成为严重的环境污染源之一。

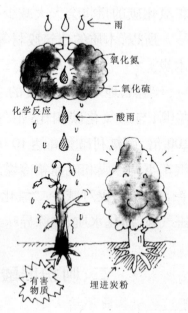

酸雨对于堪称大自然象征的树林或森林尤其有害。据说丹麦 60% 的树林,德国 50% 的森林深受其害。酸雨可说是破坏自然环境的元凶。酸雨渗进地下会污染地下水,而土壤虽含有钙、镁等碱性物质,会中和一部分酸性,但其作用也不是无限的,所以过度的酸雨会使土壤中本为稳定化合物的汞、镉、铝和铅等金属溶解,成为有毒物质,伤害树根,杀死有益于树木生长的微生物,使得树木逐渐枯萎。

作为预防酸雨的对策,可采取工厂安装除尘器,加强对汽车尾气的检测、控制等措施,但是这些终归是地区性的对策,无法形成全球统一行动。可也不能坐视宝贵的森林资源日益枯萎,所以可采用埋炭作为补救之策。

这里广泛使用的就是 pH 值为 8～9 的碱性木炭。木炭的 pH 值是靠烧制温度和炭中含有的灰分的数量决定的。在较低温度中烧成的黑炭呈微酸性,但高温烧制的白炭则呈碱性,所以可用来对付酸雨。通常酸雨在沿着树干钻入地下的时候,变为 pH 3.6 程度的强酸性,酸化树根附近的土壤,所以把木炭加以粉碎,埋入受害树木周围,木炭的碱性会逐渐中和酸性,起到土壤改良和补充肥料的效果,从而能够救活枯萎的树木,守卫森林。因为木炭所含有的灰分为树木从大地中汲取的宝贵的矿物质,将木炭埋进地下会把这宝贵物质还给大地和森林,会使深受酸雨危害的树木和森林逐渐恢复元气,恢复原状。

▶埋炭拯救因公害和酸雨枯萎的赤松

作为防止庭院树赤松枯死的对策,可制作粒状的炭桶,在离树端往里约 50cm 处,以 1m 的间隔埋在树根附近,使其成为微生物之家,给树木活力,加强其生存力量。

三、往耕地撒炭的 21 世纪新农法

韩国也曾经历过战后物质缺乏时期,自 20 世纪 60 年代末开始靠着重建经济和高速增长,以及大量生产和大量出口政策,开始步入物质丰富年代。

木炭拯救性命
——徐徐揭开的秘密

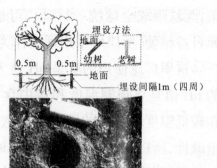

埋设方法
地面
幼树　老树
0.5m　0.5m
地面
埋设间隔1m（四周）

在农业方面也因农作物的大量生产,享受着粮食的丰饶。可是,这种丰饶在很大程度上是依赖着农药和化肥的力量换来的。现在,熬过物质贫乏年代的人们,开始追求饮食的质量,时代在呼唤没有农药和化肥污染的有机农业生产出来的绿色食品。农药和化肥的危害被越来越多的人所认识。因为农药杀死的并不仅仅是害虫,根据不同的场合还有可能危害人类,特别是在四面不透气的塑料大棚撒布农药,那简直是毒气,对人的危害非同小可。所以作业时要穿着防护服和口罩。

化肥也一样,要是长期使用会破坏土壤环境,把土壤酸性化,降低农作物对病虫害的抵抗力,从而得使用更多的农药。那样,就会使土壤微生物灭绝,地力下降,反过来要使用更多的化肥、农药,陷入一

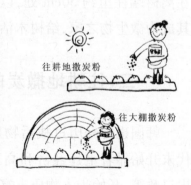

往耕地撒炭粉

往大棚撒炭粉

种恶性循环。为了挽救被大量生产和化学农法损害的农田,寻找体贴环境的新农法,使用木炭和木醋液的农户在日益增加。

为了克服农产品开放的挑战,只有背水一战,寄希望于无农药食品和有机栽培。

将木炭撒在农田,具有卓异吸附力的木炭就会吸附土壤中残留的农药和化肥,而且,其颗粒会改善土壤中空气和水分流通,排水也会畅通。因为木炭能够吸收水分,所以有着良好的保湿性,而且木炭含有矿物质,溶在土中会促进作物生长,还能为微生物提供良好的栖息地。

木醋液也可以直接洒在土壤或直接撒布在作物上,既能减少农药使用量,还能提高水果的糖分。其用量和用法根据土壤状态和气候以及不同的作物,会有所不同。木炭在追求食品质量、食品安全大受威胁的今天,作为体贴环境的新农法的先驱,发挥着应有的作用。

四、净化被污染的河流的木炭

地球上人类所能利用的水量其实极其有限。在总水量中97%为海水,其余的淡水中还有着99%的冰山和冰川,另外还有在地下深处无法利用的水。

人类只靠着剩下的不足1%的河川、湖水、池塘或地下水,或饮用,或洗涤污染,或浇灌农作物和用于工业方面。

木炭拯救性命
——徐徐揭开的秘密

随着生活的发展,人们的用水量日益增加,但在地球上几乎所有的地区,供水问题已成为不容乐观的严重问题。我国也被联合国划分为缺水国。

作为生活用水水源的河流和湖水,因生活下水和工厂废水正在迅速地被污染。当然,地下水也在被有害物质污染。面对水污染,水的质量与有限的水量同样宝贵。

▶邻国利用木炭净化河流的事例

①日本东京八王子市多摩川支流的某村庄,河流被居民生活污水严重污染,备受恶臭和蚊蝇折磨,如今以该村主妇为中心,开展救活河流运动。她们粉碎 120kg 木炭,装在网袋中铺在河道中,果然臭味逐渐被消除,两三年之后雅罗鱼也来产卵,夏天还有成群结队的萤火虫飞来飞去。

②日本福冈市郊外的久山村,在全村范围内普及利用木炭的生活污水合并净化槽,使得流入河水的生活污水达到无色无臭的程度。不仅鱼类能够栖息,下水游泳也毫无妨碍。面对慕名前来取经的人们,该村村长竟舀排水口的水饮用,足见生活下水净化到什么程度。

▶用木炭净化,下水也能饮用

乍一听下水这个词,别说饮用,让洗手漱口也会让人皱眉头。用木炭能把如此肮脏的水净化成能够放心饮用的水,其意义自然非同小可。下水的污染源,并不仅仅是生活污水,还有工厂废水等,所以含有大量危险物质,将能够破坏地球环境的污染抵御在下水阶段,是我们面临的一大课题。

据说迄今为止人类造出来的有机化学物质已达800万种。这些物质被制成农药、化肥、化妆品、日用品、食品添加剂和医药品使用,过了一定时间就会成为三废,丢弃到河流、湖水和池塘、海洋,污染水质。在那些没有生活下水净化设施的家庭,卫生间的排泄物尚有单独的净化槽或储存在下水道中被抽出,但生活下水几乎全部是原样排放到河流的。因此,假如采用能够同时处理卫生间下水和生活下水的合并处理净水槽,那污染将比单独净化槽减少1/8左右。

▶使用木炭的净化材料的惊人效果

一般的净化槽采用底下铺碎石子,利用栖息在其表面的微生物分解污染物质的方式。在使用过程中由于石子的表面会被菌体所覆盖,阻碍污水畅通,所以每年得定期刷洗小石子。

这种方式是200多年前兴起产业革命实现工业化的年代伦敦泰晤士河污染时开发出来的技术,一直沿用到今天。

假如把小石子换成木炭,其多孔体表面积会达到小石子的1 000倍以上。净化能力也会相对提高,可说具有惊人的净化能力。

使用小石子,作为水质净化目标值的 BOD(生物学的氧气需要量)为 20×10^{-6},但使用木炭则能达到 $(2.0 \sim 3.0) \times 10^{-6}$,几乎可以达到与自来水相同的净化度。

木炭的多孔体中将栖息无数的微生物,分解和净化污染物质,且不像小石子那样需要定期清洁。这种木炭净水槽,是前面提到的福冈市久山村最先使用的。他们在全村安装了大约 500 个合并净化槽。

使用小石子可说是尚不能生产出优质木炭年代的发明,而今既然有木炭这个性能优越得多的体贴环境的新材料,我们何乐而不为呢。

第七章

木醋液、木焦油、灰

▲饮用木醋液

▲外用竹醋液

一、木醋液(竹醋液)

(一)何谓木醋液?

烧木炭时会产生烟,木醋液就是冷却烧木炭的烟提取的液体,堪称是树木的血液。从窑温80℃以上开始提取,到130℃提取完毕的木醋液为上品。

将作为原料的原木放入炭窑,然后点燃窑内的燃料木材进行加热,一开始会冒出含有水蒸气的水烟,这时的烟水分太多,所以要等到窑内温度达到80℃时开始采集为宜。而温度太高,则会冒出青烟,这时焦油成分太多,会影响到木醋液的质量。

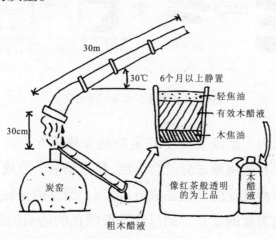

炭化过程当中会冒烟,将此烟加以冷却会分为气体和液体。我们将木材的有机物热分解,产生各种物质的液体

叫做粗木醋液。

将此液加以静置,就会分离成可溶于水的水溶性和溶于油的油溶性,除去浮在上层的轻油质和沉淀在下面的木焦油,这中间层的水溶液就是有用的"木醋液"(wood vinegar:热分解液)

(二)木醋液的提取

通常烧木炭,原木的大约1/4变成木炭,而提取出来的粗木醋液大约占木炭重量的30%~40%。

换句话说,用100kg原木烧炭,会得到20~25kg木炭和大约8kg木醋液。

材料	木炭	粗木醋液	木醋液
	为材料的 20%~25%	能提取木炭重量的3~4成粗木醋液	会得到粗木醋液的60%~70%的木醋液
100kg	25kg	8kg	5kg≈5l

原木中生产的木炭和木醋液的质量

提取的木醋液要找个安定的地方放置6个月左右,粗木醋液含有的焦油成分就会下沉,粗木醋液会分成3层。

最下面沉淀的是焦油成分,最顶上漂浮的是轻油成分。我们需要的就是中间呈红茶般颜色的透明的部分。将这中间层取出来加以精制,就会得到大约占粗木醋液60%~70%的精制木醋液。算起来,100kg原木中能提取的精制木醋液不过是 4~5kg(约 5l)。

(三)根据炭窑分类的木醋液种类

(1) 炭窑木醋液

指烧炭的原材料原木因自体热量炭化时产生的木醋液,系较低温度下的木醋液,有黑炭木醋液和白炭木醋液,焦油含量均低于其他木醋液。白炭木醋液酸度较高,但由于炭窑温度上升急剧,提取时间很短,所以一定要留意提取终了时的转换烟囱的操作。

(2) 平炉木醋液

以原木制材过程中产生的边角余料烧制而成,通常要掺杂树皮、锯末等一起炭化。原料主要从木材加工厂等得到大量供应,多为低温炭化,提取木醋液较容易,但含有大量的水分和焦油,酸度较低,所以销售价也低一些。

因为平炉大都以木炭生产为目的,所以木醋液提取设施很不完善,有些地方甚至在烟囱下面放容器,单纯收集一些从烟囱流下来的液体。还有些地方以各种废材料为原料,假如中间含有非木材的东西,木醋液的使用也要受到限制。

(3) 锯末炭木醋液

指将锯末压缩成型加以炭化的工厂提取的木醋液,水分虽低,焦油成分却偏高。

为了消除焦油成分,可附设蒸馏装置,消除焦油成分,就可以生产出品质稳定的木醋液。大量提取的焦油成分可

用作药品原料。(净露丸:腹泻药)

主要用于除臭剂、排泄物处理剂、医药用、动物饲料添加剂和农林等。

(4)干馏木醋液

系从木材干馏装置提取的木醋液,虽然焦油成分偏高,但算得上是浓度高的木醋液。

干馏法为从外部加热,炭化原材料的方式,与炭窑木醋液相比提取数量要多得多。

(四)木醋液主要成分

木醋液含有200种以上天然成分,主要成分为醋酸,约占50%以上。可是,由于木醋液的90%以上为水分,所以全部溶液中的醋酸比率只有3%左右。

木醋液为pH值3左右的酸性液体,对植物和动物体有着出众的渗透力和吸收力,这是其主要特点之一,这是因为木醋液中含有微量甲醇、烯丙醇等酒精类,酮、乙醛等容易渗透的各种成分的缘故。木醋液除了水分之外的主要成分有醋酸、丙酸、蚁酸等有机酸类,甲醇、丙醇、乙醇等酒精类,乙基愈疮木酚、愈疮木酚、甲酚等酚类,吉草酸酯等中性物质,此外还有碳酰基化合物和呋喃类等成分。

下面简单介绍一下pH值的含义,这是简单明了地用数值表示水的性质是酸性、碱性还是中性的试纸,其范畴用1~14的阿拉伯数字表示。

pH 7为中性,以下为酸性,以上则为碱性。

木醋液 pH 为 3,可谓强酸性。应用木醋液这种特性,就能得到广泛的效果。比如用在农业,可得到促进肥料吸收,减轻病虫害等多种效果。它还有着出色的除臭作用,假如撒在家畜的粪尿当中就可以消除臭味,沤制出优质堆肥。若是添加到水中,就可以使水的分子集团变小,把它转化为容易吸收的水质,而且,木醋液还有着荷尔蒙(激素)作用,只需施以微量,就能促进植物发芽、发根和生长,还能提高水果糖度。假如混合在家畜饲料中,可起到强壮内脏、改善肉质的作用。

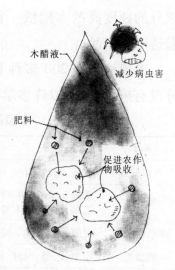

可是另一方面,由于含有较多酸性成分,随着时间的流逝会逐渐产生化学反应,容易形成焦油成分。比如,甲醛类有可能同苯酚类化合,生成树脂,漂浮在容器表层或沉淀在底部。即使消除了这些化合物(焦油成分),剩余的成分还会化合。蒸馏精制的木醋液含有微量焦油成分也是这个原因。至于那些焦油含量高的木醋液,不仅有效成分少,而且还对土壤和作物有害,所以不适于应用在农业方面。

而木焦油不仅含有杂酚等有害物质,而且还溶有甲酚等有害物质,所以使用木醋液一定要选择除净焦油和树脂

成分的纯度高的木醋液。首先要选择那些液体不浑浊,清澈透明的产品。

木醋液含有 200 多种有用的天然成分,但尚有许多成分没有搞清楚,所以许多学者正在对此进行深入的研究。

木醋液主要成分

种类	主要化合物
有机酸类	蚁酸、醋酸、丙酸、硫酸、异硫酸、戊酸、异戊酸、巴豆酸等
苯酚类	苯酚、o.m.p-甲酚、2.4 及 3.5 二甲苯酚、愈疮木酚、甲酚、4-乙基及丙愈疮木酚、焦焙酚等
碳酰化合物	甲醛、乙醛、异丁烯醛
酒精类	甲醇、乙醇、丙醇、异丙醇等
中性成分	乙缩醛、有机酸甲基醚
盐基性成分	阿摩尼亚、二甲胺

某学者曾经指出,任现代科学合成技术再发达,还有人力所无法合成的三样东西,那就是血液、海水和木醋液。

木醋液诚为来自大自然的树木的血液,尚有许多奥妙和秘密有待人类去探寻。

(五)木醋液的用途分类

利用静置法、蒸馏法、过滤法、活性炭法和冷冻浓缩法等加以精制的木醋液有着下列广泛用途。

熏液——液体熏制、鱼肉加工品、熏制食用油添加罐头、熏制;

土地改良——增进地力;

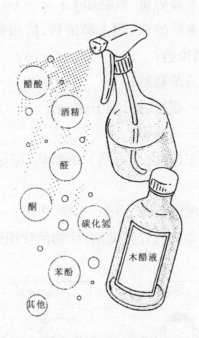

第七章 木醋液、木焦油、灰

土壤消毒——防止立枯病的苗床；

活化微生物——依靠有用微生物增殖的土壤改良；

活化植物——促进生根、发芽（水稻、大麦和杂谷类）；

除臭——养猪场、鱼鲜、粪尿、内脏恶臭、除臭；

饲料添加剂——可改善肉类、蛋类、鱼类的肉质和营养；

农林业——有机农业、水稻栽培、减少农药、减少化肥、堆肥助发酵剂、育苗；

除草——杂草防治；

防虫、防菌——异味、螨虫、蟑螂、叶面喷洒、霉菌；

防腐——木器防腐、熏制加工；

媒染——木醋酸铁（用木醋泡铁，应用到木制制品）珠算框染黑、丝绸染色；

制革——皮革鞣制；

驱虫剂——蜈蚣、蛇、蚊子、虫子；

抗氧化剂——油脂；

医疗——正露丸（腹泻药）、肝脏病、糖尿病、肠胃病、皮肤病；

工业——醋酸石灰、丙酮、木精、甲醛；

其他——动物营养辅助剂、动物治疗用原料。

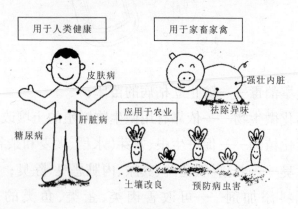

木醋液应用

（六）木醋液品质上可能出现的问题

（1）原木导致的产品稳定性

对那些原木树种不大确切的木醋液，需要特别注意。

因为木炭烧制过程中并不是只选用那些树种确切和安全的木材。就说木醋液,也有提取自樟脑木、麻醉木(因树叶有毒,可熬制成杀虫药),以及可对人畜产生危害的树木的,而且,最近开始从东南亚各国进口木炭,而且更有遥远的巴西进口炭粉,据说正在与南美洽谈木炭进口事宜。对这种来自国外的木醋液,就需要对其树种进行安全测试。

特别是南美还有含有剧毒,曾用来浸泡毒箭的树种,而这种树木各地都会存在,需要特别注意。

(2)用建筑废材制成的产品

以建筑物或其他构造物的拆除材料烧炭,从中提取的木醋液将同树木中提取的大相径庭,其主要成分为纤维分解物。

而且,假如掺杂着涂料、防虫剂、钉子、附着金属饰品的木箱以及其他物质的话,从中提取的木醋液会含有对人畜和农作物有害的成分。有的时候,为了烧制更为精细的炭制品,有可能在炭窑中单独使用大油桶或小铁罐等,这时候的金属成分会溶进木醋液,也会造成危害。

(3)高温提取的木醋液

上面浮着油腻,呈黑色的大都是150℃以上的高温提取的木醋液,特别是炭窑的温度达到425℃以上时会溶进致癌物质3-4-苯并芘和多环芳烃化合物等,尤其需要注意。

(4)容器和提取装置使用非耐酸材料的

木醋液提取设备、储藏槽、接触木醋液的容器等需要使

用不锈钢等耐酸性容器。

因为大油桶等有可能熔出铁成分,使木醋液变成黑色,而且有可能熔出重金属,到头来连农业方面都派不上用场。

即使是经常使用在木醋液提取方面的不锈钢制品,也有着熔出铁或其他金属之忧,所以一定要使用达到一定标准的高品质的不锈钢制品。

(七)木醋液简易品质鉴别法

(1)取少量木醋液,装在玻璃容器里,对着阳光照射,发现不纯物质、浑浊或被污染的就不是优质品。优质木醋液呈黄褐色乃至淡赤褐色,而且是透明的,就像是透明的啤酒或红葡萄酒那样的颜色,而且,刚刚提取的木醋液或静置时间短的大都很浑浊。有的在低温静置,还有可能偏红。

(2)pH值应为3左右。在80~130℃的温度范围之外提取的木醋液,根据不同的炭化状态,也有pH值为3左右的。

(3)应是没有令人不快气味的。假如有着像食用醋精那样有着强烈刺激性气味,有必要怀疑是否人为调节pH值的冒牌货。

(4)密度在液温25℃时应为$1.015g/cm^3$左右(黑炭窑、姥目坚)。在过高温度提取的这个数字就会偏高。只是针叶树会呈$1.030g/cm^3$,而且除了树种,不同的炭窑也会产生一定差异,所以用不着太较真。

(5)也有使用药品辨别的方法。可假设木醋液的酸性是醋酸导致的,以此测定木醋液的酸性。取木醋液 1ml 的 100 倍稀释液,滴入一滴酚酞液,然后再滴入 0.1N 苛性钠溶液,就会发现一直无色的液体陡然变成红色。在中和点不浑浊而透明,只有当初的木醋液稀释液的气味而不掺杂着其他气味的便为上品。

挑选优质木醋液的标准

(八)木醋液的功效及其广泛应用

1. 用于熏制食品的加工

木醋液的独特的香味和除臭力有着食品保鲜、消除鱼类、肉类的腥味、防止油脂或维生素 A 的氧化、食品防腐、杀菌和防虫等作用,现已成为食品加工处理不可或缺的物质。本来熏制是指用烟熏烤鱼类和肉类的一种食品加工方式,可是,使用木醋液这种熏制液的加工法则是在材料加热之前,将预先稀释好的熏制液喷洒在材料上,或将材料浸泡在熏制液的方式。通过这种预处理,比烟熏火燎的旧方式大大缩短了加工时间,还能做到批量生产。

用鱼肉制成的火腿和香肠等也有加热之前将原料肉、食盐、淀粉、调味料和熏制液调配好,加以包装的制法。

腌熏鲸肉则采用预先用添加熏制液的盐水,在80℃温度上加热4~6小时,然后阴干的方式。作为熏制液的木醋液虽然含有23种苯酚类、6种有机酸和4种呋喃碳酰等物质,但真正作用于熏制品味道的主要是苯酚和呋喃碳酰。

这种熏制液调制出来的味道不逊于其他熏制液,随着蒸馏精制技术的进步,目前的木醋液不纯物质消除工程已达到几乎完美的阶段。

令人担忧的苯并芘等致癌物质也能轻而易举地加以剔除,有效地保障了熏制液食品加工法的安全性。

2. 除臭剂

(1)目前,木醋液的用途正得到不断扩展,其作为除臭剂的作用得到广泛关注。木炭和木醋液同为除臭剂,但其作用机制不同。木炭是用其多孔质的无数孔洞吸附作为臭味根源的化学物质;而木醋液则用其含有的醋酸等有机酸类中和发臭物质,或用其独特的熏香起到祛除和覆盖异味的作用。

除臭用木醋液

(2)用木醋液熏制鱼类,其腥味几乎完全被消除。如有兴趣,可做一个简单的实验:用稀释100倍的木醋液浸泡一下鱼类或肉类,再进行烹调,就会发现只需简简单单的浸泡,就有着惊人的除异味作用。在我们的住宅,往那些容易产生异味的厨房、操作台下面、卫生间、洗澡间、洗脸池、下水口和装饮食垃圾的卫生桶喷洒稀释 50 ~ 100 倍的木醋液,就会收到令人欣喜的除味效果。特别是在室内豢养宠物的人家,可定期地喷洒一些稀释得很稀薄的木醋液,不仅能祛除动物身上的异味,还能有效地防止发霉、长螨虫。擦地板的时候,喷洒一些木醋液,是很好的卫生习惯。

(3)木醋液的除臭功效也广泛用于畜产业。将 10 倍稀释液喷洒到鸡舍,可消除鸡屎味;添加到饲料里,可显著减少排泄物的臭味。与没有添加的相比,阿摩尼亚和硫化氢浓度分别减少了 20% ~ 40% 和 85% 之多。这同样适用于牛和猪,特别是猪,将木醋液添加在残汤剩饭喂猪,既能增进食欲,还能促进猪的生育能力,而且可有效减少不必要的脂肪。木醋液的用量很少,不过是饲料量的 0.1% ~ 1% 而已。附带说一句,假如添加得太多,会因那刺鼻的糊巴味儿,反而会使家畜不愿意食用,所以切记不要用得太多。

3. 农业和园艺方面的应用

(1)将木醋液和农药配合使用,可起到减少农药用量的作用。将木醋液加以稀释,进行叶面喷洒,可增加叶子活力,使叶面更光滑,颜色加深。抵抗力也会增强,显著减少蚜虫等病虫害。假如日照不足,植物的光合作用就会衰弱,破坏了肥料平衡,水果的糖分不足,产量也会减少。遇到这种情况,也可以喷洒稀释500～1 000倍的木醋液,将会提高作物糖分,改善味道。

对家庭的盆花和庭院的蔬菜,也可以每两周喷洒一次500～1 000倍稀释的溶液,即可收到防治病虫害、发达根须、使叶子茂密的效果。只要亲手试一试,就能体会到木醋液非凡的作用。

农用木醋液

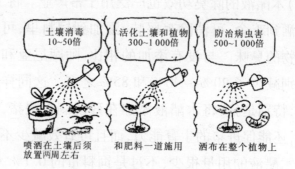

不同目的的木醋液稀释比率

(2)木醋液对植物的作用可概括如下:

1)有助于有用微生物繁殖,营造肥沃的土地。虽然用肉眼看不见,但土壤里栖息着无数的微生物。这些微生物中有危害土壤和植物的,也不乏处于共生状态的有益的微生物。呵护植物健康的微生物即为有用微生物,而有用微生物多的土地则为肥沃的土地。木醋液就是为植物营造好地的卫士。

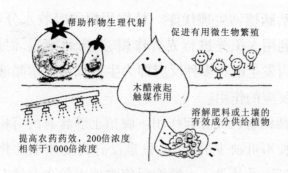

木醋液对植物的4种作用

木醋液在农畜产业的稀释使用比率

分类	稀释比 （以20l为准）	使用成果
种子消毒	200倍（100ml）	浸泡20分钟后播种，可促进发芽、预防病害
育苗时	700倍（28ml）	间隔7～10天予以叶面喷洒，可促进生根、生长，有很大防病效果
土壤消毒	50～100倍 （200～400ml）	每$3m^2$均匀喷洒3l木醋稀释液，然后翻地，可起到直接消除盐碱、杀死线虫、消除病菌、增殖益菌和消除土豆、胡萝卜等连作危害的作用
土壤灌注	200倍（100ml）	作物生长过程中发生病害，充分灌水后再次灌注木醋液 （大果树每棵灌注4～5l）
叶面喷洒	600倍（30ml）	和酶剂配合使用效果更佳 对蔬菜、果树和水稻等所有作物，以10～15天为间隔予以喷洒，可望取得很大防治病害、增加糖分和着色效果
表皮创伤	园艺	果菜类茎软腐病或果树类腐烂病等表皮创伤可将木醋原液用毛笔进行涂抹，可望迅速恢复
消除粪尿臭味	50倍（400ml）	喷洒在畜舍或堆积的畜粪周围可消除臭味，促进堆肥发酵
饲料添加	100倍	用米糠吸收木醋稀释液，以整个饲料的1%的比率配合投食，可取得防治消化系统疾病、改善肉质、增加奶量（肉用成牛可增产2%）的效果，假如兑水饮用，10l水平常可兑30ml，消化系统疾病时可兑50ml

第七章 木醋液、木焦油、灰

2）活跃植物生理代谢。植物用根须吸收水分和养分，绿叶则利用太阳光进行光合作用，造出新细胞，促进生长。植物体内发生的这多种反应即为生理代谢。木醋液起着活跃这种反应的作用。

3）帮助有机成分起作用。腐植土等含有的有机成分是植物生长不可缺少的养分，只是没有高度浓缩的化肥那样的立杆见影的效果。木醋液促使腐植土等含有的有机成分快速溶解，以帮助其吸收。

4）提高农药药效。使用农药的时候，要是跟稀释的木醋液配合使用，能把农药用量减少一半，还能提高药效。

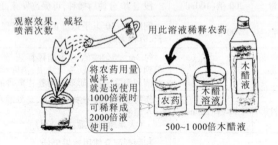

木醋液和农药配合使用

▷适宜使用木醋液的地下部土壤病害

青枯病、根瘤线虫、病毒病害、花叶病、芽线虫、立枯病、枯萎病等。

▷适宜使用木醋液的地上部病害

灰霉病、炭疽病、白粉病、青粉病、白锈病、霜霉病、芽枯病、水稻稻瘟病、疫病、菌核病、软腐病、叶螨、蚜虫等。

▷将木醋液和农药、肥料配合使用时

①稀释量——将农药或肥料量减至平常的1/2或1/3也很有效。

②浓度——一般作物发生病时：200～300倍液（高浓度液）、预防疾病及发芽促进剂：500～1 000倍液（低浓度）（可减少农药、肥料（液肥）量）

③效果——a. 将肥料、农药的效果提高3倍以上；
　　　　　b. 渗透力很大；
　　　　　c. 延长发病周期，增强抗病力；
　　　　　d. 因为能把肥料、农药减半，非常经济，且能提高产量。

4. 驱虫剂

木醋液还有着阻止害虫或小动物接近的作用。我们知道植物有着叫"芬多精"的气味成分，能杀死或驱逐害虫和细菌。木醋液也具有与这种气味相同的效应和作用。将木醋液撒在蚜虫等附着于植物的害虫身上或野鼠、獾子、蜈蚣、蛇、野狗、野猫等经常出没的地方，能起到不可思议的阻止接近效果。为什么呢？其理由尚不清楚，想来是其烧糊的味道或害虫和小动物的基因带有的本能地想避开火的反应所致。

也就是说，木醋液独特的气味其实就是烧炭时的焦味，会让它们联想到火，所以才会引发动物本能的回避反应。作为驱虫剂的木醋液无须精制，用粗木醋液即可。

在日本,因为经常发生乌鸦或野猫、野狗等的危害,所以有好多专门制作的驱虫剂销售。假如喷洒木醋液,既能起到驱虫剂的作用,还能起到很好的除臭作用,堪称是既经济又简便的方法。

5. 应用于畜产业

(1)木醋液可改善猪肉肉质

有的农户,往猪饲料中添加适量的木醋液和炭粉,证实了其消除饲料气味、提高食欲、促进生长和可看出内脏状态的良好粪尿形态、祛除粪尿气味等等确切效果。

解剖猪内脏发现,内脏颜色良好、很光润、减少了不必要的脂肪,而且整个肉质大大提高,很劲道,而且,据兽医鉴定,肉眼即可看出肝脏的健康状况很好。动物的肠胃栖息着好多微生物,木醋液据说还能起到协助体内微生物活动

的作用。假如往猪舍喷洒稀释木醋液,就能有效地祛除猪的粪尿或畜舍的气味。

(2)木醋液用于肉鸡

①对于肉鸡(Broiler)

将木醋液混合于饲料,可使肉质劲道、柔嫩,减少饱和脂肪酸,增加不饱和脂肪酸,从而保障味道鲜美,还能祛除鸡肉特有的气味。

②对于鸡蛋

使蛋皮坚硬、蛋黄的弹性显著增加,味道更浓,鸡蛋的黏性增加。

据日本歧阜大学研究报告,在配合饲料掺上重量比1.5%的木醋液维生素A、E和B12分别增加23%、50%和14%,可作为维生素强化鸡蛋进行高价销售,而且,鸡蛋含有的胆固醇也会降低,添加1个月降低16%,3个月后降低25%,从而能够按低胆固醇蛋投放市场。

(3)木醋液用于养牛

牛的饲料效率提高,容易育肥。牛的紧张状态大大缓解,毛变得油光锃亮,荷兰种奶牛的黑白斑点界限分外鲜明。为了消除粪尿的臭味,以饲料重量1%的标准添加到饲料里,消除臭味达50%以上。根据内脏解剖结果显示出消化器官中的有益菌的作用更加活跃,消化器官胀气显著降低,内脏各器官的结石显著减少。肉的颜色从淡红色变为深红,略带黄色的脂肪部分变成白色。

减少饱和脂肪酸
增加不饱和脂肪酸

饲料里添加木醋液和木炭

蛋黄甚至能用筷子夹住

6. 应用于水产养殖业

在水产养殖业方面,对照调查了往饲料中添加饲料重量1%的木醋液,养殖3年的鱼类和未添加木醋液喂养的鱼类,其结果,大虾、真鲷、青甘、比目鱼、鲻鱼、银鱼等养殖鱼,在饲料中添加饲料量1%的木醋液的,虽然在鱼类的体重、体长等方面没有多少差别,但是其内脏却显著减轻。也就是说,因为内脏量少,可用于食用的材料相对增加了,而且,添加木醋液还有防病治病的作用。有家鳗鱼养殖场为了抢救得了绵冠病的鳗鱼,每20kg饲料混合50～180ml木醋液,结果显著减少了死鱼数量。

(九)木醋液保护皮肤

(1)树木蕴涵着的生命之水——树液,保存着大自然的能量。可借助这一能量的在林中可说是森林浴,在家则可用木醋液取得类似的效果。

木醋液是含有200多种天然成分的不可思议之水,堪称是魔法之水。虽然对其作用机理尚不甚了解,但是靠长期的经验和实践,已判明它有着杀菌、消炎、消毒、抗菌、抗氧化作用,而且对有机物有着优异的渗透作用,起着远红外线放射、活化皮肤、形成皮肤角质和皮肤收缩作用。

(2)分析一下木醋液具有的洁肤、护肤功效,醋酸成分可起到柔嫩皮肤角质、收缩皮肤的收敛作用,而酒精成分则要起到清洁皮肤、杀菌消毒消炎的作用。

醛类成分因具有良好的皮肤渗透性,可添加到护肤霜、营养霜和护手霜里,取得满意的效果。

木醋液对有机物有着良好渗透性,是因为其含有的乙醛成分。目前,已有许多运用这一特点的护肤产品问世。木醋液含有的碳素(粒子)能激活皮肤细胞,从而能够防止皮肤老化,而且,其抗菌、抗氧化作用也对保护皮肤起着一臂之力。

(3)木醋液、竹醋液的治疗皮肤疾病的作用

▶**皮肤瘙痒、身掉白屑者**

取稀释成2倍的木醋液或竹醋液,在每天入睡前涂抹

全身或浴盆里洒上50ml木醋液泡澡或洗脸,就能感到皮肤光滑细嫩。

特别是老年性皮肤干燥症,经常涂抹稀释木醋液或泡木醋液澡,就会有效地改善症状。

▶木醋液还能治青春痘

用脱脂棉沾上木醋液原液,一天两三次涂抹患部,红肿化脓的患部会得到杀菌消毒,使皮肤慢慢痊愈,恢复成正常皮肤。

▶头皮发痒,长头屑,可用木醋液洗头

往洗脸池洒上5ml木醋液(约一羹匙),用来洗头、按摩,就会止痒、去头屑。

现在市场上已有便于使用的喷雾型产品出售。

▶担心掉发者

临睡前涂抹稀释成3倍的精制木醋液原液,或喷洒在发上,坚持几天就会从所掉落的头发量中感受到使用效果。当然,木醋液会有轻微的特殊气味,但第二天清早一淋浴就能洗掉。不仅能防止严重的脱发,还能防止头发开叉。假如洗头时配以木炭洗发精或木炭肥皂,就会吸附和排出头发毛孔中积淀的废物,清理毛孔,还能促进生发。

在日本,竹醋液还取得了生发、防脱发的专利。新问世的喷洒型产品使用起来很方便。

＊脸上长疙瘩,也能用木醋液改善乃至治愈。

＊涂抹烧伤皮肤也能收到祛除疤痕的治疗效果。

＊粗糙干燥的皮肤,假如每天用木醋液稀释液洗脸,也能恢复光润。

＊龋齿发病、牙床红肿时,可在牙膏滴上木醋液刷牙,就会得到杀菌消炎效果。据笔者和会员亲身体验,假如用炭粉刷牙,可望取得出色的效果。

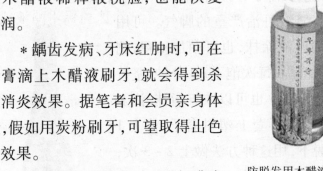

防脱发用木醋液喷剂

＊咽喉红肿疼痛时,用木醋液漱口,会立见效果。

＊鼻塞、花粉症用棉签沾上稀释得很淡的木醋液涂抹,就会收效。

＊使用化妆水或奶液时也可滴上一两滴木醋液,能使皮肤保湿,保持光滑。

①尽可能使用精制木醋液、竹醋液。

②将平日使用的面霜放在手掌上。

③往上滴上 1～2 滴木醋液。

④将面霜和木醋液细细拌好。

⑤可用在粗糙干燥的皮肤或从事用水的作业之后。

＊皮肤有伤或擦破割破时抹上木醋液会非常奏效。木醋液的主成分酒精起到杀菌消毒作用,碳素粒子可活化皮肤。

＊被虫子叮咬,立即涂上木醋液会免受痛苦。

第七章 木醋液、木焦油、灰

*痔疮可用木醋液坐浴和木炭坐垫。

*身上长痱子,可用稀释很淡的木醋液涂抹。

*木醋液可治严重的脚气。可用脱脂棉沾原液涂抹,也可稍加稀释,倒在容器里泡脚,每次泡上30分钟,坚持几次就能好转。也可以取五指袜,沾上竹醋液穿上,再套上塑料套子,待上1个小时脱下,用这种方法做上2~3次,就能治愈严重的脚气。

*手脚皲裂时,用棉布沾上木醋液贴上睡觉,就能收到可靠的疗效。

*竹醋液对异位性皮炎有效。

饮用木醋液

这种皮肤病以瘙痒为特征,因为发痒就要挠,挠破了将更痒,如此反复恶性循环,使病情愈加严重,所以止痒是关

键。要是每日两三次往患部涂上竹醋液,同时坚持木炭和竹醋液泡澡,就能促进血液循环,加速体内毒素的排放,活化皮肤细胞,使症状显著改善。可辅以内服炭粉,会起到解毒、净肠和消除腐败气体、宿便作用,清洁内肠,供应洁净血液。

有道是皮肤是内脏的镜子,只有内表同治,才有可能制服可怕的异位性皮炎。当然,要同时进行饮食疗法。

这种皮肤病为现代医学目前尚未征服的疑难病症。当然也有着症状抑制药,但是类固醇类的软膏大都有着副作用或产生依赖性,而且,类固醇制剂只是抑制药而不是治疗药,所以一旦停药就会复发。

异位性皮炎之所以不用木醋液而用竹醋液,是因为竹醋液的杀菌消毒消炎效果均远远高于木醋液。日本这方面的研究很活跃,且已取得不少研究成果。

＊汗脚和气味重的人,勤用木醋液洗脚,能收到效果。

＊皮肤性质测试

在使用木醋液之前应做皮肤实验。可取一点木醋液原液涂在胳膊内侧柔软的皮肤上,假如发生皮肤红肿或瘙痒,应停止使用。

竹醋液

▶木醋液在生活中的稀释用法

蒸馏木醋液所得的一次精制木醋液,可稀释成以下比率,运用到生活中。

▷原液:除湿——可喷洒在潮湿处或枕具类。

防虫——可赶走蟑螂等害虫。

脚气——严重的脚气,可用原液泡脚。

洗浴——往浴盆放 50ml 左右,会温暖身子,感到身轻气爽。

▷2 倍稀释:喷洒或涂抹头发、皮肤时。(脱发、头屑、瘙痒)

▷10 倍稀释:湿敷——对跌打损伤、烧伤、蚊虫叮咬、刀伤、皮肤炎、浮肿、肩部酸痛有效。将 10 倍稀释液加热,用布沾湿贴在患部上。

▷100 倍稀释:杀菌、除臭——喷洒在厨房、卫生间、洗澡间、衣橱和客厅等处。

▶建议用木炭和木醋液泡澡

除了通常的洗浴效果,木醋液含有的 200 多种天然成分溶进热水,可得到如下正面效果。

▷适用于以下症状

皮肤瘙痒症、皮肤粗糙、过敏性皮炎、异位性皮炎、浮肿、类风湿、肩周炎、肌肉疼痛、腰痛、寒症、失眠、神经痛、精神压力、皮肤美容、促进血液循环

▷为什么说是上佳浴法

①浴盆的水变成柔顺的软水。

刚刚入浴,也许会感到轻微刺激性,这是自来水中含有的氯、二氧化碳和空气等溶解在热水中,化成气泡沾在皮肤上的关系,可是很快就能靠木炭出色的吸附力,吸附氯等成分,把水变柔软,而且,木炭和木醋液还能把洗澡水的水分子结构变细,加速往体内渗透。

②将水质变成碱离子温泉。

平常的自来水呈酸性或中性,可是放进木醋液或木炭,就会溶出碱性成分,变得活像弱碱性温泉水。

③木炭和木醋液还会放射远红外线,其热量能渗透进人体深处,促进血液循环,加速废物的排放。

④木醋液起到杀菌、消毒、消炎和抗菌作用,可活化皮肤、形成皮肤角质、收缩皮肤,对人体有着卓异的渗透力。

泡澡用木炭包

▷木炭应选用白炭,挑选坚硬、不会溶出黑烟的,或将灰白的竹炭装进无纺布或丝网缝成的袋子里,用量为1~3kg,使用过的竹炭晒干后可连续使用两个多月。每次使用淡褐色精制木醋液50~100ml。用完的木炭可埋在花坛或盆花里,用完的洗澡水也可用来浇花或洒在庭院里,可促进花草生长,提高生根力,使花草更加生气勃勃。

▷泡澡的时候,只需泡心窝以下,泡到出一身透汗,每次大约 15 分钟,泡澡时要随时用水浸湿头部和身子。洗澡水的温度最好是 39℃ 左右。泡适温半身浴,可祛除寒症、排放废物,而且因为心脏没有泡在水中,洗浴后也不会疲劳,可保身心舒畅。

先把木炭放进浴盆,然后接热水,矿物质会溶解在热水里,身子会很快暖和起来,洗澡水也不容易凉,皮肤变得光滑柔嫩

▷建议那些饱受异位性皮炎折磨的孩子试一试木炭泡澡,可望取得患部杀菌、消毒、消炎效果和拔除体内酸毒。

▶**活用木醋液主成分特点的护肤品**

精制木醋液的新的用途得到越来越多的关注,有关木醋液在健康、美容方面的研究也在不断深入,其功效得到普遍承认。健康美容产品中有着应用木醋液含有的苯酚类和酒精类的杀菌作用、醋酸的紧肤作用、含乙醛成分的具有皮肤渗透力的香皂、面霜、化妆水、浴液、脚气药、防脱发药、洗发水、面膜、洗面奶、护脚喷剂等,受到广大顾客欢迎。

▶护肤用的木醋液应采用精制品

因为是直接涂在皮肤或患部,所以需要品质的稳定性。一定要选用合适温度提取的,并加以精制消除焦油成分的木醋液。

不能因为不是饮用品的缘故,随便用些没有精制的木醋液,只有精制木醋液才能真正发挥其没有副作用的天然成分的真正价值。

(十)饮用木醋液体验者的证词

(木醋液神秘的魔力逐渐被揭开)

(日本健康杂志《主妇之友》"我的健康")

▶饮用木醋液,改善了肝脏、痛风和高血压

(福冈县福本博,52岁,公司职员)

饮用了木醋液,肝功能和偏高的血压都恢复了正常,涂在头上竟然重新长出了头发。

不限制什么饮食,也不吃什么药,只是饮用了木醋液。

我是个肝炎患者,断了所有的药品,只饮用木醋液,症状却得到很大改善。这让我的主治医生大吃一惊,当然我自己更是惊喜交加,不敢相信。

我是从1996年开始饮用木醋液的,至今已坚持了4年。那年5月的一次检查,我发现自己肝功能非常不好,就开始饮用木醋液。

当时的检查数值为GOT55(正常范围为38以下)、

GPT55（正常范围为 35 以下）、yGTP 为 60（正常范围为 5～65）。主治医生是我的同学，他一看检查结果，当即对我下了严令："绝对不许喝酒，吃饭也要注意，这样下去很危险。"

因为父亲患肝癌去世，说心里话我心里也怕得很，所以，马上订了精制木醋液，开始服用。就是每天喝茶、喝咖啡的时候也要滴上 5～6 滴木醋液，每天坚持了下来。

这样喝了 4 个月，到了 9 月底，喝了 3 瓶 100ml 木醋液，一检查所有的数值都下去了。GOT28、GPT27，y-GTP 为 45，竟然全部正常。

我那个老同学以为这全是限制饮食的结果，他直夸我："你小子挺有毅力的呢。"其实，还不是全靠木醋液。

断了降压药，血压也稳定在 140～90ml 汞柱线上，我想木醋液对高血压也有效。以前我血压很高，严重的时候高血压为 200，低血压达到 120 呢。（高 140，低 90 以下为正常值）

我从 4 年前开始服用降压药，可自从饮用木醋液，两年前开始即使不吃降压药，血压也开始稳定在 140～90 的线上，我现在已经完全不吃药了。

听说，一旦得了高血压，得吃一辈子降压药，可现在发现不对，只要坚持服用木醋液，血压问题也能解决。

饮用木醋液

我还有一个大发现呢。我这秃脑袋,早晚涂了木醋液,竟然长出了头发。我想那效果比正牌的生发剂还要好呢。肝脏好了、血压低了,连头发也长出来,我自己都不敢相信。

▶服用 3 个月,肝功能 GOT 从 70 降到 40,血糖也从 220 下到 140

(熊本县山田信男,56 岁,公司职员)

我深受倦怠感和手足冰冷折磨。

我还特别好酒,一年 365 天,可说一天也没有空过的。一天要喝两大瓶啤酒,外加兑上饮料的烧酒一杯。不管怎么样,因为太喜欢喝酒,实在戒不了。

10 年前一次身体检查,查出了糖尿病和肝炎,我想这都是喝酒导致的吧。

仔细想想,我有这种症状也不是一天两天的了。就是睡足了,整天休息,身子也总是发沉,懒洋洋的打不起精神。手指头、脚趾头也变凉了。一躺下就很难起来。其实,这些全是糖尿病特有的症状。

多亏症状还算轻微,用不着服药,大夫让限制酒和饮食。同时开始留意报刊杂志上的广告,吃一些有益于肝脏和糖尿病的健康食品。

吃过黑醋和甲壳素,还天天吃过葫芦科的苦瓜。一门心思想着"一切为了健康",忍受着、苦苦挨着。可是很遗憾,也没起什么作用,也没有什么效果。

我发现周围肝脏不好的亲朋好友服用了木醋液,都恢复了健康。我开始接触木醋液是发病大约两年之后。吃什么都毫无反应的我,喝了木醋液之后,竟然在第二天就感觉出效果。

慵懒的身子变轻了,早晨起来感到神清气爽。变化也来得太快了,连我自己都吃了一惊。

这真是跟我一直服用的健康食品全然不同的感受啊,这下肯定能成!

想到这里,我每天坚持服用3次,在酱汤、水等食品和饮料中滴上5滴喝下去。检查数值到底有了变化。

最先出现效果的是肝脏。现在已经记不大清楚了,反正总是70上下的GOT降到正常值以内的40以下。这完全是木醋液带给我的新生,我真的从来没有感到过如此幸福。

我告诉了大约20多个亲人,凡是身患肝炎的都有了好转。见到肝不好的,好喝酒的,我一定劝他们试试。

至于我,至今天天喝酒呢,为了留住这么一点乐趣,我坚持服用木醋液。

当然,我现在很健康,肝功能、血糖什么的完全正常。

▶含有200多种以上树木有效成分的木醋液,清洁血液,逐渐改善糖尿病、肝功能、痛风、高血压等症状

(医学博士草谷洋光,综合健康开发研究所秘书长田村俊史康)

自古以来作为民间偏方的木醋液开始得到现代人关注。因为人们明白了它对预防改善生活习惯病有着明显

效果。

也许,有人还不清楚木醋液是什么。说起来很简单,木醋液就是烧制木炭过程中冒出来的烟和水蒸气冷却而成的,也可以说是树木的汁水吧。

作为健康食品,木醋液可能还算是新面孔,可是生活在山村的人们,从古代开始就把它应用到生活中。作为肥料,能够促进农作物生长,还能提高产量,而且作为治疗皮肤病、循环系统疾病和呼吸系统疾病的民间疗法,其疗效有口皆碑。

这样的事实得到重新评价,并通过相应的研究和实验、分析,人们发现木醋液确实有着许多神奇的功效。

譬如,对引发患有糖尿病的白鼠投放稀释成5%浓度的木醋液,实验结果症状得到改善,几乎恢复到与正常的白鼠相同的状态,而且,身患糖尿病的白鼠并发白内障的几率几乎是100%,而投放木醋液的白鼠没有发现白内障合并症。据歧阜大学农学部实验,用添加木醋液的饲料饲养的肉鸡,皮下脂肪显著减少,蛋鸡产下的鸡蛋胆固醇含量下降了大约20%。

因为系统研究的时间并不长,木醋液尚有许多未知的部分,可是只看实验结果就会看出它对改善生活陋习病确实有着不容怀疑的效果。

它能清洁被污染的血液。

炭化树木而得的木醋液含有作为原料的树木200多种

微量成分。虽然尚未判明这些成分具体怎样对人体起着作用，但许多临床实验已证明，它对高血压、糖尿病和痛风等确实有着缓解作用。我想，这是以主成分醋酸为主的有机酸，将血液从酸性转化成弱碱性的缘故。

人的血液，本来无论吃什么，都应保持弱碱性。可是，一旦人体功能下降，就有可能转变成酸性。可使血液酸化的物质中有由酒精变化而成的乙醛，脂肪分解成的丙酮，还有蛋白质转变成氨基酸时的副产品阿摩尼亚等。

血液中的这些物质多了，就会使血液偏向酸性。血液的酸性化，就是血液被污染，血液的平衡被破坏，氧气和养分达不到脏器和细胞，就会降低功能，引起动脉硬化或全身产生各种不和谐。

木醋液的有机酸可使酸性化的血液转化成本来的弱碱性，变成清洁状态，可使痛风和糖尿病等得到改善，而且，血液状态变好，对改善动脉硬化、降低血中胆固醇和中性脂肪等大有好处是不言自明的。

因为木醋液有着净化血液的作用，可守护我们免受生活习惯病的威胁，可是服用木醋液贵在坚持。木醋液具有无刺激性，非常好服用的特点。通常在一杯茶或水中滴上 5～10 滴，一天喝两三次就行。虽然有着个体差异，但通常 3 到 4 个月血压或血糖值就会出现变化。

最近，靠木醋液缓解异位性皮炎的事例逐渐增多，我想这主要得益于其杀菌作用和保湿作用。洗浴后可在洗脸池按每杯水3~4滴的标准滴上木醋液,用来洗患部,皮肤粗糙或瘙痒等症状就能得到改善。

要是用透明而焦味少的木醋液,可望得到满意效果。(医学博士草谷洋光)

木醋液是树木中提取的汁水制成的,其医学方面的作用尚未搞清楚,但是最近通过化验等逐渐揭开其奥秘。

可是需要记住的是木醋液有着许多品种,所以一定要注意选择和辨别。特别是内服的一定要选用无色透明、焦味少的,因为这样的才是上品。木醋液已经取得饮料许可,可放心饮用。

▶饮用木醋液的医学功效事例

医疗专家和体验者对饮用木醋液功效的实验结果和体验效果,可归纳如下:

①肝病治疗效果:肝炎、肝硬化、黄疸的缓解和从检查数值观察的效果;

②宿醉消除效果和降低血中酒精浓度;

③糖尿病人血糖值改善效果;

④解除慢性疲劳及倦怠感;

⑤异位性皮炎、哮喘等过敏改善效果;

⑥痛风疾病改善效果;

⑦增强性功能;

⑧对药物中毒的解毒效果;

⑨降低高血压;

⑩改善胆固醇和中性脂肪数值；

⑪有着卓异的排除血液内活性氧的能力。

▶服用木醋液饮用液的注意点

精制木醋液为 pH 2.5~3.0 的强酸性，空腹服用高浓度会因胃酸过多，产生胃痛，有时还会引发急性胃炎，所以应往饮用水、咖啡、果汁和绿茶中滴上 3~5 滴，每天饭后饮用 3~4 次即可。

在韩国，食品医药品安全厅对饮用添加木醋液（熏香）制定出严格标准，并且只许可用作食品添加剂，但日本批准为清凉饮料，其成分标准也比韩国宽松一些。对所含甲醇量的标准，韩国的标准是 50×10^{-6} 以下，但在日本 $2\,000 \times 10^{-6}$ 以上的木醋液也作为饮用品流通着。当然，日本最好的饮用木醋液制造公司米道里制药的产品"森林酢"品质非常优良。

无论是日本还是韩国，尽管有着木醋液疗效的临床报告，但均不把木醋液认作医药品。

对木醋液 200 种以上成分的分析和临床研究还要不断加强和深入下去才行。

二、木炭副产品木焦油

▶木醋液含有的木焦油

木焦油为碳化氢木质素热分解的液体，含在烧炭过程中生成的青烟中。将原木炭化时生成的青烟加以冷却，可分为气体和液体。我们将液体称作粗木醋液,把它放置 1 个月以上就会分成 3 层,那沉淀在最低层的部分就是木焦油。

因为焦油含有致癌物质,所以需要从木醋液中排除,但可以用作重要的副产品。木焦油可分为溶解焦油和沉淀焦油等。

沉淀焦油可原状使用或像石油那样用蒸馏装置分离为水分和油分,分为轻油、重油和柏油等。

▶用途广泛的木焦油

焦油成分中含有少量杂酚,它用作麻醉剂、杀菌剂和牙科镇痛剂的原料,作为柏油原料的利用法也在研究当中。

蒸馏的轻油可作燃料,也可以溶剂、木焦油的形态,用来制造防腐剂、愈疮木酚、药品、再生橡胶的可塑剂、选矿油、合成树脂、炭精纤维原料、润滑油和驱虫剂等。

柏油则用作镜头研磨、型煤粘合剂、绝缘材料、电极和飞机轮胎等方面,其用途在不断扩展。

在日常生活中,柏油可涂在木造建筑柱子底部,起防腐作用。这种木头称作熏烟木,常被用于公园、高尔夫球场、庭院的栏杆、绿化支柱木或公示板等。因为用柏油熏制的木材有着防腐、防虫、防湿和耐久等特点,正被当作受欢迎的建材。

三、木炭副产品炭灰

▶木炭和炭灰息息相关

炭火要是用炭灰覆盖,可长期保存火种。想来人类第一次得到火种时,曾为保存火种殚精竭虑地苦恼过。

在木炭的发明和应用过程中火种得以保存下来,炭灰功不可没。保存火种的方式的研究,起到了引领文明社会的作用。火盆里有了火种,第二天早起才能烧饭,铁匠屋有了火种,才能锻造文明发展的工具。所以,自古就有"不让火种熄灭"这种祈求生意兴隆的商魂。日本东京有一家老店,竟然保持五香菜串锅的火种50年不灭,被传为佳话。

看来木炭和炭灰就像琴瑟和谐的夫妻,谁也离不开谁。假如用沙土或别的物质覆盖,炭火定然要灭。只有木炭和炭灰相遇,人类才找到了轻而易举的保存火种的方法。木炭表面燃烧时不会发出火苗,而炭灰有着助燃性、保温性和微弱的通气性,能够形成氧气调节的微妙的平衡,使得火种能够保存下来。钾成分含有助燃性,可能是炭灰含钾,才带有助燃性的吧。

▶用在并不引人注目的地方的炭灰

炭灰用本身具有的化学成分,消除植物的涩味,目前广泛应用在肥料、染色、造纸和釉药等各个领域。在日常生活中炭灰用于火盆、香火的材料,在农业方面用作肥料、干燥剂、减菌防菌、种子或植物球根的保存等；而在食品加工领域则用作微生物培基、祛除植物涩味剂、中和剂等；在工业方面用于陶瓷釉药、造纸、染色、陶瓷原料和触媒原料等。

炭灰用在陶瓷釉药方面的作用是为了防止陶器吸收水分或气体，用来蒙盖表面或当作绘画着色的重要材料。

▶作物生长不可或缺的钾肥

炭灰的主成分为碳酸钙和碳酸钾。钾同氮、磷一起是农作物三大营养素之一，其作用就是供应化肥所无法供应的矿物质。

因为本身带有碱性，所以也可用作酸性土壤的中和剂，特别是最近由于农药、化肥的过度使用和酸雨的危害，导致土壤酸化，木炭和炭灰作为有效的土壤改良剂重新得到关注。

自古以来，木灰就成为农家能够自给的代表性的钾肥，家家都有灰库，收集灶坑的灰、稻草灰、草叶灰和稻皮灰等各样各色的灰，或掺在堆肥中，或直接撒在辣椒地和韭菜地里。

▶灰意味着生命的最后，却给予再生的力量

通常人们用在生命或事物的最后表现的就是"灰"这个词。比如"灰飞烟灭"、"化为灰烬"等词组表达的意思也是什么事情的结束。物质死亡后化成灰，尽了自己的使命，但是成了灰，又能成为新生命的底肥。

就算化成灰烬，也有着让枯木逢春的余力。作为线香

原料的灰,自己燃烧自己,却留一点香气在人间。

中国有句脍炙人口的名诗,就是"野火烧不尽,春风吹又生"。要是在秋天的原野烧把火,第二年春天大地会更加葱茏,足见灰既是生命的结束,又是新生命的开始。

第八章

饱受污染威胁的健康以及木炭

一、环境荷尔蒙堆积在我们体内

▶何谓环境荷尔蒙

所谓的环境荷尔蒙就是作用于人体或动物的内分泌系统,减少雄性精子数或导致雄性雌化、抑制下一代生长等的物质。它通过人们丢弃或正在使用的各种化学物质、农药等食物链进入人类或动物的体内,并像真正的荷尔蒙那样影响内分泌系统,起到使生殖器萎缩等作用。其学名叫做"内分泌系统扰乱物质",因为所起的作用恰似荷尔蒙,就叫做环境荷尔蒙。

▶环境荷尔蒙危害研究观察事例

①1997年,日本和丹麦研究机关发表研究结果指出:20岁年龄段的男性精子数远远少于40岁年龄段;

②美国佛罗里达阿波普卡湖的鳄鱼数量因环境荷尔蒙的影响减少一半,雄雌倒置,且雄性生殖器缩小为正常的1/2到1/3;

③根据对青蛙的研究,观察到接触戴奥辛和重金属等有害物质,就会降低孵化率,畸形大大增加;

④20世纪80年代后半叶,英国四处发现大量的分不清雌雄的鱼类,其原因判明为合成洗涤剂和属于硫化剂成分的非离子性界面活性剂的分解物烷苯酚所致。

▶国内环境荷尔蒙污染事例

①通过调查庆安川5个地点的堆积物,检测出双酚A和壬基苯酚最高分别达0.04×10^{-9}和0.76×10^{-9}。问题在于庆安川是流入汉城2 000万人口的水源地八堂湖的河流。

②据釜山市保健环境研究院调查,从21种消毒药品中的9种检测出环境荷尔蒙。

③据食品医药品安全厅调查结果,国内产妇的初乳中检测出戴奥辛。(检测出杀虫剂、除草剂和杀菌剂成分)

④从庆南昌原郡注南水库和庆南河东郡蟾津江采集的鱼类和青蛙中检测出戴奥辛和六氯(代)苯,并查出有关性方面的异常。

⑤从栖息在智异山和庆南南海、釜山加德岛等清净地区的野鼠身上检测出环境荷尔蒙(有机锡化合物、苯酚等)比正常值高达11~35倍。(庆星大学生物学系教授尹明熙)

⑥环境荷尔蒙无处不在。

不仅是包装容器和玩具,连农产品、中药材都检测出环境荷尔蒙。据韩国消费者保护院对和消费生活密切相关的农水产品、食品和生活用品共622种进行抽查,其结果从300种中检测出环境荷尔蒙,占大约一半。(《世界日报》1998.7.31)

⑦从矿泉水、纯净水检测出环境荷尔蒙。

环境部曾对国内9家矿泉水生产企业的原水和生产后

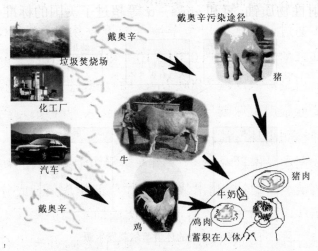

垃圾焚烧场排放的致癌物质通过猪、牛、鸡进入人体

经过3、6、9个月的产品以及一个国外品牌进行过环境荷尔蒙抽查,其结果有些产品检测出环境荷尔蒙,但程度不太严重。

⑧据报道,栖息在我国海岸的海螺类受海水污染引起的环境荷尔蒙影响,显示出雌性转换为雄性的性转换现象。

⑨抽查食品中含有的戴奥辛浓度,显示出鱼贝类最严重。据食品医药安全厅研究调查报告,抽查多消费谷类(大米、黄豆)、肉类(牛、猪、鸡)、蛋类(鸡蛋)、鱼类(鲐巴鱼、刀鱼、黄花鱼)、贝类(牡蛎、毛蚶、蛤仔、红蛤)等5类13种食品戴奥辛残留量的结果,最高的是鱼贝类。

▶从地下水检测出放射能物质

据抽查全国部分地下水含有的可诱发肾脏病、肺癌等

的放射性物质铀、氡和 gross-α 等超过了美国的标准值。

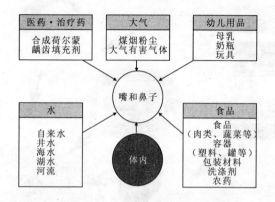

渗透体内的环境荷尔蒙发生源

国立环境研究院去年对全国 180 个地点 4 种放射性物质含量进行了调查，有 23 处发现超标现象，采取了禁止饮用地下水措施。(《世界日报》2003.12.8)

二、人类身受有害食品威胁的调查事例

▶从越南进口的扇贝检测出大量重金属镉

国立水产品品质检查院决定对检测出镉的扇贝作出全部废弃处理决定。(2002.11.21《东亚日报》)

▶面包、饼干等高温加热食品检测出致癌怀疑物

检测出致癌物丙烯基，食品药品安全厅发表少量确认公告(2002.12.11《文化日报》)

▶流通的紫菜卷饭和米肠中检测出引发食品中毒的病菌

汉城许多消费食品检查中检测出可引发食物中毒的黄色葡萄状球菌和大肠杆菌等。（2002.11.18《文化日报》）

外国进口的红虾肉添加红色素，看起来非常新鲜，冒充国内产品，骗取 2 倍的价钱。（2002.11.11《东亚日报》）

▶中国、北韩产水参检测出剧毒农药

从人参、水参、芹菜等进口农产品检测出超标的农药，禁止在国内销售。食品药品厅通报进口企业退货或废弃出现问题的农产品。（2003.11.5《东亚日报》）

▶从部分油炸薯片、薯条中检测出致癌物质

从国内流通的某些油炸薯片、薯条中检测出可诱发癌症的丙烯基。（食医药厅预备调查结果）（2002.11.5《韩国经济》）

▶市上发现大量无法食用的豆腐、凉粉

据食医药厅汉城地方厅调查，汉城和首都郊区 29 家供应集体或家庭的豆腐、凉粉生产企业中，有 15 家使用污染的地下水或故意拉长流通期限。（2002.10.30《朝鲜日报》）

▶环境荷尔蒙农产品威胁人们的餐桌

据全南保健环境研究院以光州、木浦和顺川地区大型流通业体收购的蔬菜、水果、谷类等 10 种 240 件农产品为对象进行的环境荷尔蒙残留量抽查，占 23.8% 的 57 件检测

出环境荷尔蒙。(2000.12.7《东亚日报》)

▶养殖场滥用福尔马林成灾

庆北沿岸131处养殖场中相当数量的养殖场为了预防各种鱼类疾病、抑制养殖池细菌繁殖,滥用对人体有害的化工药品福尔马林,但没有法律约束规定,急需制定出有关措施。(1998.7.31《世界日报》)

▶从鱼干中大量发现大肠杆菌

汉城市保健环境研究院对市民多消费食品盒饭、米肠、冷面汤、果类和鱼干等共1 446件进行了规格标准及食物中毒菌调查。结果,从相当数的品种中检测出黄色葡萄状球菌和大肠杆菌。(2002.11.14《市政新闻》)

▶使用漂白剂的竹笋

某些食品企业为了使商品显得新鲜,过量使用漂白剂被查处。他们经营腌制的竹笋、地瓜干、萝卜干和黄芪等,为了伪装成新鲜产品,滥用漂白剂,最多达到规定用量的30倍以上。鉴于此,食品医药厅特通报广大消费者注意那些颜色特别鲜亮的竹笋、萝卜干和莲藕等商品。(记者朴光熙)

▶农药菠菜、生菜被暴光

将农药检测量超标高达900倍的农产品批发给汉城可乐洞农水产品市场的一批菜农被警察立案调查。他们推销的菠菜、款冬和生菜等蔬菜,超量使用了对人体有害的农药。警方表示,由于检测结果在取样一星期后才能出来,这些含有有害物质的蔬菜其实早已被消费者所消费。(1998.8.1《朝鲜日报》)

▶食盐也是危险品

食盐是我们的生活中生活必需品之一。要是食盐都被有害物质所污染,那简直是人类的悲剧,可惜我们不能不面对这种残酷的现实。

所谓的天日盐就是取自海边盐田的粗粒盐,我们在腌咸菜或酿造大酱、酱油和辣椒酱的时候使用的就是天日盐。

可是,如今的大海也深受污染,其程度不亚于河流。那么,以海水为原料的食盐也不能不含有有害物质,而且,对天日盐对人体的危害,我们甚至无法制定出规范或进行测定。

因为现行法律把天日盐归于矿物而不是食品,主管部门也不是保健福祉部,而是产业资源部。更大的问题是理应当作废弃物的废盐,堂而皇之流入食品市场,被人们食用,这不能不让人担忧。

工业废盐可用在皮革厂等地方鞣皮、制革,其用途极其有限。这种含有有害物质、绝对不能食用的废盐被当作食用盐,问题的严重性就在这里。(饮食生活安全市民运动总部金龙德代表)

▶家畜抗生素用量过大

在兽医政策开发研讨会上江原大学兽医学院教授金斗

指出一个值得注意的现象：近年来家畜饲养头数增长得并不多，但动物用抗生素用量却大幅增多。

这种药物的滥用已成为严重的社会问题，畜产农家的抗生素使用问题应引起有关部门的关注。

这种抗生素主要作为饲料添加剂，注射药主要有青霉素、头孢菌素、四环素等9种抗生素。

家畜抗生素用量增加，不仅降低了家畜对疾病的抵抗力，而且大大加大抗生素残留在肉类的危险，有可能影响到人类，威胁摄取畜产品的人们的免疫系统。（2001.12.21《农民日报》）

▶食药厅监察揭露出来的有害食品现状

▷烤肉用黄铜烧盘的检查结果显示，剧毒物质铅的含量高达许可标准值的429倍。

▷以沾有农药的进口饲料用蛹为原料的神秘灵药冬虫夏草。

▷在冰淇淋、巧克力、海带、加味食盐和咖喱面包等的包装纸中检测出有机溶剂甲苯。

▶无国境的污染——我们应该吃什么

1999年，遭受可对人体产生致命危害的剧毒致癌物戴奥辛污染的比利时进口猪肉，极大地加深了人们对食品安全的不安。这表明随着农畜产品进口开放，有害物质也开始流入国内。1997年9月，从美国产牛肉中检测出病原性大肠菌0-157，激起停止进口1个月及退回进口货物的骚乱。当年1月,还从澳大利亚产牛肉中检测出农药安杀番残留量超标。

污染农畜产品和食品的有害物质,主要还是抗生素以及可长期危害人类、诱发癌症等严重疾病的残留农药,可称为产业化副产品的剧毒致癌物质戴奥辛。这些已成为威胁人类食品安全的元凶。同时,随着化肥用量的增加,铬、铅和汞等重金属的污染也愈加严重。

开放进口之后,揭开包装就搞不清楚是什么东西的食品逐渐占领着我们的餐桌,人们对无法鉴定的食品的不安日益加深。

农业技术的发展已制造出将另一生物的基因移植到原有农作物,以增强对害虫和除草剂的抵抗力的变基因农作物,诸如美国产的大豆、玉米、土豆、西红柿等。还有照射微弱的γ射线,杀死害虫或加以灭菌的放射线照射食品等在尚无有害与否的鉴定的情况下充斥市场。据说,世界范围内有40多个国家流通着230多种照射放射线的食品。

面对无国境、无边无沿的食品污染的冲击,人们不由得产生新的苦闷——我们该吃点什么?

用苏丹红着色的辣椒面

掺杂致癌物质着色素,推销9万kg的3人今被逮捕

为了使辣椒面的颜色更鲜艳,竟掺杂用于鞋油生产的工业色素,制造大量辣椒面投放市场的一伙不法分子,今天被警察逮捕。

汉城警察厅机动搜查队9日以在辣椒面里混合用于鞋油或印刷用油墨时使用的致癌推测物苏丹红(Sudan)1、4号的嫌疑，对金某(32岁)等三人申请了拘捕证，并对运输假冒辣椒面的朴某(42岁)等六人予以不拘捕立案。

金某等从去年10月初开始，在京畿道金浦自己的办公室安装了7台辣椒面制粉机，以1：3：3的比率混合苏丹红1、4号和辣椒籽、国产和进口辣椒面，制造伪劣辣椒面，并以每公斤4 200元的价钱批发给农水产品进口业者李某(42岁)，共推销了102 400kg。

李某则通过二道贩子朴某(42岁)等，往汉城永登浦和京畿道富川等10多处磨房出售了这种辣椒面。

上述磨房则以每公斤8 000元的价格，将这些假冒辣椒面推销到位于汉城、京畿一带的50多家饮食店和零售商，共出售96 000kg，价值达73 600万元。96 000kg辣椒面为大约2万人一年的消费量。

食品医药品安全厅食品添加物科研究官尹惠贞指出："苏丹红1、4号为致癌推定物质，并非食用色素，尽管是微量，长期摄取有可能导致面部麻痹或呕吐等人体不适。"

记者李京恩 2003.5.10《朝鲜日报》

三、有害物质被人体吸收及木炭的解毒作用

从上述事实中我们可看出环境荷尔蒙堪称是扰乱人和动物内分泌系统的恐怖的有害物质。

说我们生活在吃喝呼吸皆为毒的时代,并不是危言耸听。那些没有国境、铺天盖地而来的莫名其妙的食品的有害性,几乎到了再没有可放心食用的食品的严重地步,甚至为了使辣椒面看起来更鲜艳,竟使用有可能致癌的用于制造鞋油的工业用色素,足见那些非法奸商多么的伤天害理。

目前,我们日常摄取的蔬菜瓜果里有着残留农药,食品中有着人工调味料、添加剂、防腐剂和保存剂,进口农产品也带有毒性,加上药物的误用滥用带来的体内残留积淀和不知不觉之间摄取的致癌物质、环境荷尔蒙,我们不啻是处于有害物质的重重包围当中。

怎样才能排放日渐积淀在我们体内的直接威胁生存的毒素,保持无毒健康的身体,越来越成为现代人关心的问题。当然,最好的办法莫过于"御敌于国门之外",让那些毒素无法进入体内。可是很遗憾,我们已经到了上述努力无济于事的地步,因为无处不在的毒素,通过不同的途径,不知不觉地侵入我们的体内,让人们防不胜防。既然不能抵御,就要找出办法解毒。作为解毒的对策,应用木炭出色的吸附力不能不说是必不可少的生活智慧。通过本书前面的叙述,读者想必已经了解到木炭具有的无数多孔体有着惊人的表面积,手指甲大小的木炭,表面积竟达 $300m^2$ 之多,这表面积就是吸附的秘诀。为了实验木炭的解毒作用,法国化学家贝尔朗(Betrand)于 1813 年当众将 5g 砒霜和炭粉一起吞了下去,亲身示范了木炭的解毒作用。1830 年药师

Towery 也在法兰西医学会，当众服下相当于人的致死量 10 倍的耗子药和 10g 炭粉，演示木炭惊人的解毒作用。这两人果然安然无恙，证实了木炭出类拔萃的解毒作用。还有，我们经常见到的防毒面具用来防毒的也是木炭。让我们作个简单的实验：让墨水通过活性炭炭层，就会变成洁净的清水。这种种事例令人信服地表明，木炭是早已有无数事例佐证的不可多得的解毒剂。

韩国、日本和美国的药典均把木炭列为紧急状况下的解毒药品。既然是古人的智慧，又有着现代科学的认定，我们何乐而不为呢？让我们服用炭粉，以驱逐不知不觉地钻进我们体内的不明真相的所有的有害物质吧。其实，目前在国内信奉木炭功效，服用炭粉的人比想象的多得多，特别是那些身患重病的人中颇有一些靠木炭解毒疗法恢复健康的事例。我们的邻国日本，已经把吸附排泄流入体内的有害物质的食用炭，认定为食品，投放到市场。食品还需用解毒品来解毒，这真是绝妙的讽刺。

▶担心下列症状，请服用炭粉

▷担心吸取了食品中有害物质时

▷担心水果、蔬菜的残留农药时

▷肠胃功能经常不佳时

▷担心药品在体内积淀时

▷经常饮酒，担心肝脏功能的酒鬼

▷总担心摄取致癌物质时

▷希望排除宿便、消除便秘时
▷担心环境荷尔蒙残留时
▷希望拥有光滑皮肤时
▷为排泄物的气味担忧时
▷担心摄取食品添加剂时
▷担心饮用水污染时

第八章 饱受污染威胁的健康以及木炭

第九章

炭粉疗法

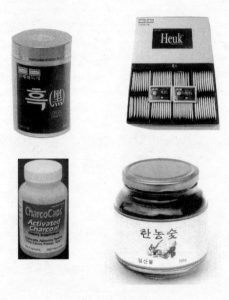

▲各种食用炭粉

一、炭粉疗法的历史

▶作为民间疗法的炭粉

在缺医少药的古代,我们的祖先就已懂得服用炭粉,用于治病或当作处方药材。医药经典《东医宝鉴》载有加以炭化后入药的各种稀奇的草木和球根类、动物、鱼贝类等。作为止泻、净肠和解毒剂的燃烧各种草木,沉淀在灶坑的煤烟——百草霜,烧松木产生的烟子和阿胶制成的松烟墨等都是众所周知的家庭常备药品。

据说,作为民间疗法的各种炭疗法具有立杆见影的效果呢。譬如,吃香瓜吃伤了就吃烧香瓜皮的炭粉,吃什么肉伤着了,就吃烧那种肉的炭粉等等。这便是东洋医学所谓的同种疗法。

牙周炎服用茄子炭粉、哮喘吃昆布炭粉、关节炎食用柚子籽炭粉,而且根据不同的病症用了泥鳅炭粉、青柿子炭粉、大蒜炭粉、桑叶炭粉等各色各样的炭粉。伴随着西洋医学的登场和化学药品等医疗体系的确立,这些代代相传的民间疗法逐渐销声匿迹了。

可是了解天然疗法优越性的人却比想象中多得多,目前很多人服用着炭粉,因为他们相信其卓异效果和可靠性、安全性。

▶西洋炭粉疗法的历史及事例研究

1)公元前 1550 年,埃及莎草纸记录中有着将各种炭粉当作医药品的记录;

2)希腊的希波克拉底(Hippocrates)将木炭用作治疗目的(癫痫、晕眩、炭疽病);

3)1785 年,德国血统俄罗斯药师 Tobias Lowits 把木炭用在漂白和除臭方面;

4)1793 年,Karl Hagan 第一个说明了木炭的吸附性(消除烂肠恶臭);

5)1811 年,法国化学家 Bertrand 第一个对木炭进行有组织的研究(炭粉抵御动物砒霜中毒的效果研究),1813 年,他当众进行了炭粉混合 5g 砒霜吞服的解毒实验;

6)1830 年法,国药学家 Towery 当着法兰西医学会会员,以自身为实验对象,实验证实了其解毒作用(将相当于人的致死量 10 倍的士的宁(strychnine)掺杂 10g 炭粉服下);

7)1834 年,美国 Hort 医生,用大量的炭粉救活了氯化亚汞中毒的病人;

8)1845 年,美国药品解说书指出"炭粉有着防腐性和吸附力",介绍了几种处方和制造炭粉的方法;

9)1846 年,Garrod 在英国用动物实验证实了炭粉的解毒作用(用狗、猫和兔子);

10)1848 年,Rand 将 Garrod 的动物实验替换为人体实

验加以证实(确定了有毒物品得以减少的毒物和炭粉的比率);

11)1857年,Bird推荐炭粉为消化不良的涨气吸收剂(消化药);

12)1868年,用作药物中毒导致的炎症的治疗(眼睛、面部和耳朵等);

13)19世纪末20世纪初,关于木炭吸附力的研究论文在欧洲问世;

14)1909年,开始用作湿疹和癌症的治疗药;

15)1915年第一次世界大战期间,德军把氯气(毒气)作为武器,联军方面就制造出利用木炭的防毒面具,成功地加以对付;

16)1972年,Yatzidis每天投药20~50g活性炭,治疗尿毒症病人,20个月之后病愈,也没留下后遗症;

17)19世纪末20世纪初,关于木炭吸附力的研究论文在欧洲发表;

18)1969年,薛滋利博士发表广告,介绍旨在解决肠胃疾病、消化不良、胃酸过多和消除胃肠涨气的Willow木炭;

19)1980年以来,关于炭粉稳定性、有效性和解毒性等均得到确认,发表了许多有关有毒物质、公害物质和农药等的吸附性能的研究论文以及对于人体的影响的研究成果,炭粉的应用愈加广泛。

二、公认的药用炭

▶ 我国《大韩药典》记载的药用炭

利用木炭吸附力,吸附胃酸过多及消化器官异常发酵生成的气体,也可用作药品或化学品中毒时的吸附剂。

▶《美国药典》(USPXX11)的"活性炭"

用于肠胃疾病的治疗辅助药等。

▶ 日本药局方(JP V11)"药用炭"

吸附剂,用于药物中毒、自体中毒以及肠的异常发酵导致的毒素解毒。

▶《中国药典》2000版第二部"药用炭"

目前中国各制药厂遵循该标准制出各种制剂的药用炭。

三、炭粉特点

1)内服炭粉为高温烧制,完全剔除不纯物质并成为微细粉末化的无臭、无味、无害的粉末。根据处方入药的各种药材炭的活性炭以及木质系松木炭等虽然本身并不具有任何药性,但可以利用其无数的多孔体带来的卓异吸附力,对消炎和解毒有着任何抗生素无可比拟的特效性。由此可见,炭粉疗法中的吸附和解毒作用是木炭治病的主要作用。

2)通过炭化过程产生的木炭原材料树木所没有的原子变化,材料成分得以活化,其碳素成分的增加及远红外线温热效果等功效,可对炭粉疗法起相辅相成的效果。当然,木炭浓缩的矿物质的作用也不容忽视,而且在内服时,一定程度内的过多服用并没有什么副作用,这一点也不同于服用西药。且西药长期使用或用量过大,有可能残留体内,但炭粉却能排泄干净,并无残留的危险。

3)本章所论述的炭粉疗法系针对吸附力和解毒能力卓异的活性炭和木质系松木炭等为中心而言,而没有包括考虑药性的药材炭,特此申明。

四、炭粉疗法主要疗效

▶调节消化系统功能

可应用在消化器官发酵异常导致的腹胀、胃炎、肠炎、消化不良和腹泻等。尽管不腹泻,但排泄物有恶臭时也可服用。对口臭、久治不愈和稍微疲劳就犯的口腔溃疡也有效。

▶调节肝功能

能够活跃肝功能,可用在肝炎、肝硬化和黄疸等,甚至可用于新生儿黄疸。肝功能衰弱,体内解毒功能下降时亦有效。

▶对各种炎症有效,对体内外毒素起解毒作用

譬如由于肾炎等发生代谢障碍,体内积淀毒素时或由于体内毒素导致关节或局部疼痛以及皮肤炎症时很有效,也可用于农药和各种公害引起的重金属、毒蘑菇中毒、毒气、漆中毒和毒虫叮咬的伤口解毒。

▶具有止血、镇痛作用

可用在各种出血性疾病,提高止血效果。子宫出血、胃出血以及局部出血等均可应用,而且,对出血引起的贫血和疼痛亦有效。(请参照:《炭粉疗法》李正林著)

五、炭粉疗法的作用

▷镇痛作用、解热作用,对消除公害物质尼古丁、汽车尾气和剧毒农药1605有着卓异效果,并对胃炎、胃溃疡和肝炎有效,还能预防肝炎。(摘自David Coony博士所著《Activated charcoal》)

▷炭粉由微细的多孔体组成,以其强烈的吸附性,可吸附肠内腐败的蛋白质渣滓或脂肪颗粒、水果蔬菜的残留农药、重金属、食品色素和添加剂、调味料等,起到净肠作用。

▷以净肠作用净化血液和体液,提高人体抵抗力。

▷消除体内有毒成分,担负体内解毒作用,减轻肝脏、肾脏的负担,恢复疲劳和肝肾功能。

▷炭粉能在服用1分钟之内快速吸附体内的有毒物

质、不纯物质、农药成分和致癌物质等,这是其代表作用之一。可是,带黏性的液体的吸附有可能较为迟缓,在体温状态吸附性高,高温状态则会降低。

▷据医学杂志报道,炭粉还有着只吸附体内有害物质,而不吸收对身体有益的物质的特点。(把实验用白鼠分为两组,对照实验6个月的结果)

▷有着吸附气味和气体的作用,可应用于密闭的潜艇和旨在消除毒气的防毒面具。

▷吸附肠内的气体和细菌繁殖而生成的毒素和分泌物。

▷消除作为衰老和生活习惯病原因的活性氧。

▷吸附外伤和炎症部位的细菌、分泌物、脓水等。(可用于背疮、褥疮等)

▷和药品同时服用,有可能吸附药成分,服用时需要留一定间隔。

▷对于自杀目的服毒,让病人立即服用炭粉可解毒。

▷对食盐、黄酸铁的吸附力相对弱一些。

▷掺上饲料总量5%的炭粉进行动物实验,经检测服用的动物血液和尿液中的钙、铜、铁、镁、磷、钾、钠、锌、肌酸、尿酸、氮和整个蛋白质量和正常动物完全相同。

▷经实验证实,炭粉对酒精、苯丙胺、汽油、对硫磷、苯酚、苯巴比妥、尼古丁和吗啡等80多种化学药品有吸附作用。

▷可将药效概括如下：

可调节消化功能，对肠胃发酵异常、胃炎、胃溃疡、肠炎、消化不良、腹泻、排便奇臭和消除口臭有效；有助于肝功能，可用于肝炎、肝硬化、黄疸、肝脏解毒和肝功能低下等；对各种炎症和由此引起的发烧有效；对肺炎、膀胱炎、肾炎、子宫炎、乳腺炎、淋巴炎以及其他部位的化脓性疾病有效；也可用于眼科或耳鼻咽喉科炎症，具有特别明显的体内体外解毒作用以及止血镇痛作用。

六、服用炭粉可治疗的疾病

▶胃溃疡

每顿饭前30分钟，服用一羹匙炭粉连同一杯水，可柔和地覆盖胃黏膜。心口疼和胃发酸时炭粉可吸附胃酸，以防止刺激胃壁，比服用胃酸中和剂或抑酸剂有效得多。

▶食物中毒

误食腐败或污染的食物，出现严重的腹痛和呕吐时，服用两羹匙炭粉和约两杯水，不久就会感到腹痛平息。

▶腹泻、肠炎

先要禁食，服用两羹匙炭粉，用两杯温水送下，会止痛止泻。同时在腹部贴上炭粉贴，一天换3次，恢复更快。

炭粉对腹涨和嗳气很有效，因为它能吸附肠内细菌繁殖产生的分泌物，可使腹中平安。

▶阑尾炎

先禁食、灌肠,然后服用炭粉,一日 3 次,炭粉就会吸附炎症部位的细菌、细菌分泌物和炎症毒素。再辅以冷敷每次 30 分钟,每天 3 到 4 次,就会止痛又消炎。

▶便秘

便秘持续时间过长,毒素就会积淀在体内。严重的便秘可在每天临睡前服用两羹匙炭粉和两杯水,即能促进肠的蠕动效果,防止大便结成硬块,使得大便柔软,有效地缓解便秘。最好是能够多饮水。

▶高烧

禁食、多饮水、灌肠,同时服用炭粉,就容易治愈,且能很快消除黄疸。

肝脏合成的胆汁汇聚在胆囊,分泌到小肠。炭粉则会吸附这样的胆汁,经大便排泄掉,所以能治愈胆汁色素的错误流泻导致的黄疸。同时,每日 3 次在饭后把炭粉热敷肝部位。切忌服用化学合成的药品,因为它反而能加重肝脏负担。

肝功能不好的人,往往不大出汗。要是做炭粉洗浴,就能经皮肤排放肝脏未能排除的毒素。

▶遭毒蛇咬伤

被毒蛇咬伤 10 分钟以内赶紧服用两羹匙炭粉和两杯水,炭粉就会快速吸附通过血液流入肠内的蛇毒,通过大便

排泄出去。这就叫小肠透析,有很大的解毒作用。

在叮咬处贴上大块的湿布(将炭粉用水和好,用纱布包好的贴子),再用皮筋或带子勒住叮咬处的10cm上方,以防蛇毒顺着血液散布,并用树枝等把叮咬处挑开,让蛇毒伴随血液流出来。用嘴吸毒也是好办法。

假如蛇毒流入血管,就会破坏红血球,发生溶血作用,这将是致命的。这时需要快速喝下大量的水。

进行野外作业或登山的时候携带炭粉就会有效地应付危急状况。

▶肾功能低下

实践生食法(不吃甜食、肉,不在夜里进餐、不吃得过饱、过快,当然不吃过咸的东西),喝鱼腥草和玉米须子熬的水,每天泡炭粉葛汤(炭粉、葛根、白糖),发汗,并用萝卜汁喝下两羹匙炭粉,从早起到晚上睡下,大约喝3次左右。

在肾脏部位糊上炭粉膏,固定住。

▶糖尿病

实践饮食疗法,并根据病情轻重在早起和临睡前服用两羹匙炭粉和两杯水。同时,因为合并症发生视力障碍、手足发麻等末梢血液循环障碍时可用炭粉葛汤泡澡。

▶药物中毒

阿司匹林或其他药物引起的中毒,可用尽快服用炭粉加以解毒。

▶残留农药的吸附

食品中残留的农药被体内吸收时,可服用炭粉加以吸附排泄出去,起到解毒作用。

▶服毒

假如为了自杀的目的或误服毒药时,以及小儿误服农药等毒物时,一经发现就要作出应急措施,自会防止永久性伤害。

假如发现服用了鼠药、氢化钾、幻觉剂、安眠药和各种农药等危及性命的药物时,先让喝下大量的水,并快速服用所服药物量两倍以上的炭粉。

假如神智不清,可用水兑上炭粉,用羹匙送进嘴里,可让侧卧或欠起上身送下。这时假如炭粉量稍大,也绝无什么副作用。

要尽可能多喝水。这种危急病人假如不采取任何应急措施就送往医院,有可能在途中丧命。

如果抢救过晚,药物就会损伤肠胃,落下无法恢复的残疾。上面所说的炭粉量须达到药物量的两倍,不需要什么精确的计算,炭粉的吸附力对任何种类的药物和毒性物质均有效。

▶饮酒过量

饮酒过量时服用一羹匙炭粉和一杯水,第二天早起就会消除宿醉,也能防止心口疼等现象。

七、炭粉外用疗法

▶被毒蛇、蜂、蚊虫、蚂蚁等叮咬

若马上贴上炭粉湿布（炭粉膏），炭粉强烈的吸附力就会拔除皮肤里的毒素，消除红肿和疼痛，特别是被毒蛇咬后需要隔10～15分钟换一次湿布，而且要用皮筋绑住被咬部位的上部，采取必要的措施。

同时服用炭粉，流进血管的毒素也能在流经肠内时透析出肠内毛细血管，随着大便排放出体外。

▶烧伤、烫伤

治疗烧伤、烫伤和湿疹、挫伤、皮肤炎、酒糟鼻、骨髓炎等各种炎症时，要把湿布（炭粉膏）贴得比患部大一些，固定好，换几次药就会消炎、消肿。

各种炎症引起的疼痛、发烧、脉搏过快等可贴炭粉贴，定会收到神奇的疗效。

▶中耳炎

取炭粉膏大面积贴上，只留下耳轮，直贴到脖子部位，再戴上棉帽。这样，流在耳内炎症部位的血液顺着血管流到脸部和脖子时炭粉就会吸附毒素，从而治愈中耳炎。

▶腹痛腹泻时

腹泻、消化不良、腹涨和腹痛时在前腹部贴上炭粉贴子,再厉害的腹痛也能在半小时到 1 小时之内得到缓解。同时可服用两羹匙炭粉和两杯水,每隔两 3 个小时服用一次,最好不要进食。

▶眼部炎症

眼部发生炎症,可在入睡前闭上眼睛,贴上炭粉膏(湿布),坚持几次就能治愈。

▶蓄脓症

就算是需要手术治疗的严重的蓄脓症,入睡前在鼻子或鼻子周围宽宽地贴上炭粉湿布(炭粉膏),就能吸附鼻腔内的炎症和化脓物质,从而治愈蓄脓症。假如能往鼻腔内喷上木醋液稀释液,效果会更好。

▶气管炎、肾炎

在肾脏部位贴上炭粉湿布(炭粉膏)。

▶妇科病(产后处置)和子宫清洁球

自然流产或人工流产导致大出血时,往子宫内插入炭颗粒,就会有效地止住出血并消退出血带来的高烧。这种效果已得到临床验证,而且,它还有着终止妊娠时的消除恶臭、消除产后发烧、维持子宫清洁、治疗子宫内炎症等作用。近来,也用备长炭等坚硬的木炭做成清洁球,在阴

子宫清洁球

道内放置一定时间再取出来,用以治疗各种妇科病。因为,木炭球有着强烈的吸附污染物质的作用,对妇科疾病的治愈和缓解很有疗效。

▶皮肤癌

贴上炭粉湿布,可从皮肤拔除皮肤癌的扩张因素物质和患部致癌物质,再排放出去。湿布要每隔8小时换一次。

▶牙痛

牙科疾病的根治,当然需要到牙科医院解决。但是,夜晚的疼痛和炎症可用把炭粉用纱布包上,紧紧咬住的办法消除。炭粉会同时起到消炎和止痛的作用。

▶扁桃腺炎

在扁桃腺的位置上贴上炭粉湿布,每天换4次。同时,用纱布包上湿润的炭粉,用嘴含着也能消炎。

假如不小心咽下炭粉水也无妨。

八、炭粉服用方法和注意事项

(1)不同产品每回服用量。

①粉末炭粉:将一羹匙放入一杯水加以稀释,每天服用1~2次,在饭前30分钟或临睡前服下;

②颗粒:将一羹匙放入嘴内,用一杯水服下,每天服用1~2次,在饭前30分钟或临睡前服下;

③锭制:每次8锭,用一杯水服下,每天服用1~2次,

在饭前30分钟或临睡前服下;

④胶囊:每次4粒,用一杯水送下,每天1~2次在饭前30分钟服下,但是由于食物中毒、毒物解毒、减肥和消化不良等持续打呃或放屁时饭后也可服用;

⑤粉末和颗粒状的炭粉,假如打开瓶盖或露出在外面的状态过久,就会吸附周围的污染物质或气体等,所以服用后需要马上盖上盖子,在密封状态保存。

(2)长期服用虽无副作用,但若无特殊的疾病,用不着长期服用,过了一定时间后可两天服用一次。要是为了治病,需要每天服用3次。

(3)要是用于解毒,需要服用吸收的毒素量的两倍以上。

(4)对于服毒后的解毒,需要让病人立即服下,越快越好。

(5)假如跟别的药物一起服用,有可能吸附药性,需要间隔2小时左右。

(6)服用粉末一定要放在水里加以稀释,假如把粉末先倒进嘴里,微细粉末有可能堵住呼吸道,一定要注意。要是不遵守这一点,容易造成危险,切切勿忘。

(7)服用的炭粉,颗粒、锭制和胶囊比粉末更方便一些。

(8)在人们的常识中把烧焦的东西当作致癌物质,对木炭也多有这种担忧。脂肪(烤猪排等)同氧气结合烧糊的有可能产生致癌物质。但是木炭并不是与氧气结合燃烧的,而是在限氧的窑内靠自身热量炭化的,所以不同于那些同氧气结合燃烧的情况。这样烧出来的木炭,已作为药用炭、食用炭和健康辅助食品得到各个国家的认可,正被广泛服用。仅靠常识,各国也不会承认含有致癌物的物质为药品和食品流通,而且作为食品添加剂的活性炭也广泛使用于食品制造业,足见高温烧制的木炭或法律认可的炭粉等不具有致癌性,可以放心服用。

(9)话又说回来了,炭粉再好,关键还是选购符合服用品质的炭粉,绝对不要服用那些没有完全炭化的低温烧制的木炭研成的炭粉、不纯物质尚未完全排放的炭粉、加工不卫生的和粉末粗糙的炭粉,而且柞木白炭、备长炭等硬度太大的木炭,假如未能研成微细的粉末,有可能损伤肠胃的内壁,需要特别留意。所以,一定要服用国家机关认定的产品或在美国、日本等国取得药用炭或食用炭、健康辅助食品认可的制品,至少要服用信得过的制造商生产的食品。内服炭粉以高温炭化的松木炭和认定为药用、食用的木炭为宜。

(10)目前,韩国食品工典并不认为炭粉是食用品,所以尚无得到许可的食用炭。

日本产食用炭粉

可是,作为医药品的药用炭却广泛应用在医疗作为抢救药,而作为食品添加剂得到许可的炭粉也只准使用在食品制造工程上的过滤过程当中,而没有得到添加在食品中食用的许可。所以,目前许多人服用的炭粉还只是那些懂得木炭功效的人自行服用的一种民间疗法。

美国已把活性炭认定为健康辅助食品,很容易买到胶囊和锭制等,日本则有得到认可的药用炭和食用炭流通于市场上。

九、炭粉疗法疗效的背景研究

也许有人怀疑炭粉疗法有没有科学根据,都烧焦了的材料到底还能剩有多大营养和药性,而且也没有什么科学鉴定的报告……由于这种种顾虑,有人尽管看着周围的人服用后见效,也不敢亲身试一试。

想想也对,假如真的要化验炭粉,那可是让化验员大伤脑筋的事。因为,即使化验也无法精确判断出炭化后的成分变化。原有的成分到底增加了什么,减少了什么,才能产生上述效果,这可是现代尖端科学也无法判断的课题。

可是,尽管说不出子丑寅卯,但什么材料的木炭对什么病症有效,却是经过漫长历史的检验,早有定论的事情。诸如平常木头的炭粉对腹泻有效、海带炭治哮喘、土豆炭对胃溃疡、茄子秧炭对牙槽脓瘘、苹果炭对心脏病有效等等都是中国、日本、韩国等国的医书和生活方面家喻户晓的常识。笔者认为炭粉疗法没有副作用,具有不可替代的出色效果,即使不依赖什么科学化验的结果,也足可成为简便易行的疗法。当然,内服的东西安全是基础,但漫长的岁月靠经验证实的东西,是不能完全用科学这个尺度去衡量的。

犹如韩方医学需要科学去逐渐证明,木炭疗法也在靠着循序渐进的研究,正在逐步证实其效应。笔者拟将自己多年研究的木炭疗法的作用概括如下:

(1) 原子转换效果(炭化造成的物质变换和活性化)

人们可能以为某种药材炭化后还能剩下多点有效成分,却不知有些成分一经炭化,比原有的成分更富有活力。也就是说,会变化成有效地作用于人体的新的活性物质,即发生原子单位的转换。譬如,鲜香菇变成干香菇,营养成分会起变化。香菇在太阳底下晒干,靠着太阳的能量,蛋白质和矿物质会惊人地增加,维生素 D 也会增加并活化。

我想,木炭疗法也是靠着火的力量,获取转换能量的。

(2) 远红外线效果

木炭经过炭化,消除有害成分成为无害物,因此服用炭粉就可以成为放射远红外线的放射体,震动细胞分子团,产生温热效果,促进血液循环。

(3) 负离子释放效果和木炭的体内还原作用

木炭经高温烧制,就会成为碳块,起到汇聚自由空间无数电子,供给欠缺的地方的作用,协助细胞还原作用,活化细胞。

靠积蓄的电子,负离子得到增加,将病人体内酸性化造成的正离子优势环境转变成负离子优势环境,从而能够防止胃肠疾病。

(4)矿物质的作用

木炭含有钙、钾和镁等矿物质,起到补充人体矿物质的不足,恢复身体平衡的作用。

(5)木炭多孔体吸附排放体内积淀的毒素的作用

木炭无数的多孔体起着吸附我们有意无意间吸收的体内有害物质和毒素(农药、食品添加剂、环境荷尔蒙等),随着大便排出的作用,从而协助肝脏解毒功能和肾脏过滤功能,净化肠和血液。

(6)体内活性氧的消除作用

它会消除作为老化原因的体内活性氧。

(7)抗菌、抗病毒作用

(8)消炎作用

(9)抗氧化作用

(10)供应体内良性能量

笔者认为随着研究和实践的深入,炭粉上述的作用和效果必将得到科学的证明,但是炭粉疗法尚蕴藏着许多未知的能量,有待我们去体会、去揭开。

十、炭粉疗法体验事例报告

▷食用刺激性食品,持续地胃痛胃酸时服用一羹匙炭粉就会药到病除。胃溃疡引起的胃痛,也靠服用炭粉解除疼痛。

▷接受眼科治疗,疼痛不消,贴了炭粉湿布(膏),疼痛神奇地消失了。

▷眼睛不慎被树枝刺伤,贴了炭粉贴,阵痛立消。

▷半夜里牙疼得受不了,就用纱布包上炭粉含着,很快不疼了。

▷暮春的时候吃红烧鱼,肚子疼得不行了,服用了两羹匙炭粉和3杯水,不到30分钟就止住了腹痛。

▷前往非洲偏僻地方的传教士,发现某信徒被毒蛇咬伤,就用携带的应急炭粉内服外敷,救活了性命。

▷就着油腻的肉菜,多喝了点酒,腹胀得难受,就服用了一羹匙炭粉再睡下,没想到第二天早起竟然身轻气爽,一点醉意都没有。

▷英国船级协会派往巨济岛D造船厂的某英国女专家看到拙著《木炭救活人命》一书,开始服用炭粉,解除了腹胀、嗳气的症状。

▷由于好酒,天天都要喝两盅,总是觉得浑身没劲,提不起精神,自从服用了炭粉再也感觉不到疲劳了。

▷身患慢性便秘多年,自从每天早晚服用一羹匙炭粉和一杯水,消除了多年的症状。

▷总是下腹发凉,腹泻,早晚服下炭粉(一羹匙)后,肚子暖了,也不拉稀了。

▷每逢喝酒之前预先服下一羹匙炭粉,第二天果然不感到头痛,而且治好了喝酒导致的痔疮。

▷将炭粉湿布(膏)贴在膝盖关节疼痛的地方,关节很快不疼了。

▷自从服用炭粉,不得感冒了。

▷患了多年哮喘,吃了好多药也只是一时的效果,但自从服用炭粉,胸口贴炭粉膏,过了一星期痰少多了,逐渐不咳嗽了。

▷患了乳房癌,接受了摘除手术,被抗癌治疗搞得筋疲力尽。靠生食疗法、炭粉泡澡、炭粉热敷、服用炭粉恢复了健康。

▷慢性疲劳、经常性的腹泻、腹痛等症状靠服用炭粉得到好转。

▷早晚服用了一羹匙炭粉,腰围变细了,竟然收到减肥效果。

▷因交通事故后遗症,脚部发炎、疼痛,贴了炭粉膏,可能是拔除了受伤部位的毒素,不疼了,炎症也消除了。

▷患了早期肝硬化,坚持服用炭粉,贴炭粉贴子,虽然尚未痊愈,但GOT、GPT等指标均恢复了正常,对日常生活毫无妨碍了。

▷患了酒精性肝炎,自从一天服用3次炭粉,配合木醋液就得到了意想不到的效果。

▷患了痔疮和痔瘘痛苦不堪,一天两次空腹服下炭粉,将炭粉膏用纱布包上贴在肛门处,很快流出脓水、消瘀积,伤口开始愈合了。

▷慢性胃溃疡一日3次服用炭粉,完全得到治愈。

▷患了伤风感冒,出现头痛、咽喉痛、咳嗽、流鼻涕,服用炭粉收到解热镇痛和解毒效果。

▷胃癌晚期的老奶奶早晚服用一碗活性炭粉,坚持45天收到神奇效果。当然,也辅以饮食调整。

▷胃癌手术之后,食道直接同小肠相连,进食就发生疼痛、腹胀和腹泻,吃了炭粉得到稳定,并对清除服用抗癌药物残留在体内的毒素起到很大作用。

▷患了直肠癌,没有开刀,采取炭粉疗法,边服用,边把加热的炭粉块垫在臀部,还做炭粉坐浴和生食疗法,癌块竟然消除了。

▷炭粉作为家庭常备药和公害解毒药,正为越来越多的家庭接受。

十一、血液中的排毒机制

无论是食物中掺杂的毒素或自行服用的毒物,还是摄取的腐败食物引起的毒素,凡是进入体内的毒素都可在肠胃被炭粉所吸附,并随着粪便排放到体外。

炭粉不仅要在胃、小肠和大肠吸附毒性物质,而且还靠肠内的毛细血管吸附通过肠胃流入血管的毒性物质,透析血液中的毒素,迅速排放出体外。

因为血液反复在体内循环,所以在炭粉通过的血管部分也会持续被透析,这也叫做胃肠道透析。

十二、炭粉湿布(膏)使用法

(1)湿布适应症

①所有的炎症均可直接或间接地贴用,可望取得满意效果。特别是肝癌、肠癌、胃癌、肺癌、乳房癌和子宫癌引起的疼痛,利用湿布可解除疼痛。

②对皮肤炎症、手术后缝合的刀口、被毒蛇或蚊虫叮咬处和疖子疙瘩等可直接贴在患部。贴的面积一定要贴得比患部大。

③对身体内部的炎症也可以宽宽地贴在患炎症的脏器外面的皮肤上。

比如,扁桃体炎、气管炎、肠炎、肺炎、肝炎、脑膜炎、眼

部发炎、肾炎、肝腹水、蓄脓症、脾脏炎、膀胱炎、子宫炎、阑尾炎、胆囊炎和腹膜炎等。

具体用法是脑部的炎症,剃了头发贴上;扁桃体炎和咽喉炎等要围住整个脖子贴上;气管炎和肺炎要贴在整个胸部;肝炎、胆囊炎、肾炎、大肠炎、阑尾炎和膀胱炎等要紧紧贴在腹部和整个腰部的皮肤上,并围上腹带。蓄脓症则边服用炭粉,边将鼻子和鼻子周围全覆盖上。

(2)贴湿布的时间

一般贴6个小时以后更换新的。换帖的时候需要让患部通气1个小时左右,然后再贴新的。

被毒蛇或狗咬的伤口需要每30分钟到1个小时换新的,同时内服炭粉。

(3)湿布所起作用

贴在皮肤上的炭粉湿布,拔除通过密密麻麻伸展到表皮的毛细血管的炎症物质,消除肝脏、肾脏、胆囊、肠道、阑尾、膀胱和子宫等部位的炎症。

这当然由于木炭带有的卓异吸附力,并靠着木炭放射的远红外线和负离子放射功效,起到相辅相成的作用。

(4)提高湿布效果的办法

贴完湿布,在其周围垫上宽一点的棉布,上面蒙上银箔纸,就会大大增强保温效果,提高湿布的作用。

(5)炭粉湿布制作法

①准备材料及炭粉的条件

应为高温炭化的白炭、竹炭和活性炭,完全消除不纯物质,具有较高远红外线放射率、碳素含量大、多孔体多、吸附力高的微细粉末炭粉,以及亚麻籽粉或淀粉、水、纱布、塑料布或银箔纸、搅拌容器等。

②具体制作

▷先在煎锅放上亚麻籽粉或淀粉,用水和好,熬成稀稀的糊状。浓度大体相同于平常糊壁纸时候的浓度。

▷往熬好的稀糨糊里兑上炭粉,细心和好,和成软乎乎的膏状即可。

▷照下图的模样铺上纱布,将和好的炭粉以 3~4mm 的厚度均匀地摊铺在纱布中心黑色部位,然后按自己要贴的部位的大小,放上塑料布或银箔纸,将四周的剩余纱布折叠成四方型。

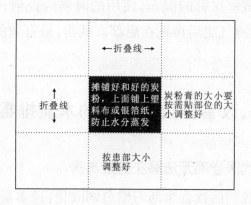

1)在塑料布或盘子上面铺上纱布,分成九等份,然后在中央均匀地摊铺 2~3mm 厚的炭粉膏。

2）按炭粉膏大小剪下塑料布或银箔纸铺上,防止水分蒸发。

3）将纱布按折叠线折好,包成四方的湿布。

▷完成的湿布要将铺有塑料的部分朝上,只有纱布的部分朝下,贴在患部,并用外科用胶布固定好(通气的医用胶布)。

切不可使用工业用的胶布,只有使用医用胶布才能防止皮肤瘙痒等症状。

③湿布的保管

随做随用其实相当麻烦,可以一次做多张备用,做好的湿布要放在电冰箱的冷藏室保管,但保管时间不能过长。一般只能保管3～4天左右,保管的湿布边缘产生湿气就应扔掉。

在冷藏室保管的湿布,使用的时候应提前一个小时取出来,祛除冷气之后再贴在患部。其实,最有效的办法还是随做随用。

十三、改善异位性皮炎的木炭排毒疗法

▶现代医学都无法解决的疑难病

随着我们的饮食生活习惯急剧欧化,过多摄取肉类,成为异位性皮炎的主要原因。现在患异位性皮炎的儿童越来越多,这是过去以蔬菜为中心的年代所无法见到的。患病

的孩子们备感痛苦不说,还要在学校被人嘲笑,弄得身心俱疲,成为家长一大心病。就算到医院接受治疗,不过是一时性抑制症状而已,病情根本得不到好转或治愈。病人只好四处求医,但用遍民间疗法也无济于事,所以,此病被公认为现代医学都无法解决的疑难病,尚无明确的疗法。

异位性皮炎亦称阿托皮。阿托皮一词源于希腊语,意即"无法分类",看来原本就是没法精确分类的棘手的疾病。

▶体内体外大清扫就是治疗的钥匙

想来最大的原因就是由于不正确的摄食,毒素积淀在体内。由于居住空间和呼吸空间的污染,特别是由于肉类食品、食品添加剂、被农药污染的食品、反复使用的氧化油油炸食品等使体内氧化,使得毒素在体内积淀下来。因异位性皮炎而苦恼的家庭大都是持续偏食酸性食品的家庭。

这是体内积淀的酸毒拱出体外导致的,所以一定要从改变饮食习惯着手。假如是体内积聚的动物性蛋白所致,需要把酸毒排泄到体外,也就是说形成不会积淀毒素的饮食生活,而且把体质改变成体内不容易积淀毒素的体质。

想做到这一点,首先要根治便秘,排泄宿便,才能使毒素不再积淀下来。要多吃糙米、杂粮、根菜类、多纤维食品、不含可引起过敏的变应原的食品和抗酸化食品,同时服用炭粉以消除堪称万病之源的体内活性氧,辅以炭粉灌肠,就可以有效地排放酸毒。

一句话,就是利用木炭卓异的解毒力和强烈的吸附力,这可能就是人类对付异位性皮炎的最后的办法了。

▶木炭和竹醋液泡澡有着出色的体外排毒效果

对久治不愈的异位性皮肤炎,可采用木炭和竹醋液泡澡,这是能够改善轻微的异位性皮炎的行之有效的自然疗法。

利用木炭和竹醋液造成的碱性温泉浴,以及远红外线放射带来的血液循环的畅通,可使废物和毒素从皮肤排放出来。

▶为净化居住空间的空气在室内放炭

▶将衣类、枕具等换成功能性产品

▶服用炭粉消除体内活性氧,做体内排毒疗法

▶将竹醋液一日几次涂抹在患部,兼以竹醋液贴排毒疗法

异位性皮炎世界权威丹羽勒负博士有关异位性皮肤炎的演讲节选

▶以1970年为界愈加猖獗的异位性皮炎

异位性皮炎以 20 世纪 70 年代为界,开始在世界范围内肆虐起来。这是同 20 世纪 70 年代前后出现大量污染性疾病一脉相承的,其原因就是环境污染带来成为异位性皮炎原因的活性氧的增加。以上个世纪 70 年代为界愈加严重的环境污染,给地球增加了天文数字的活性氧,使得人类开始遭受前所未有的危害。笔者从 70 年代开始研究活性氧,想到这可能是增加各种癌症和异位性皮炎的主要原因,

可当时没有一个人重视这一点。当然,如今电视广播都在宣传活性氧是导致各种疑难杂症的罪魁祸首。

▶作为增加活性氧的原因之一的氮化合物

活性氧增加的最大原因就是氮化合物。而氮化合物大量发生在石油及汽车燃料燃烧的时候,所以汽车尾气和石油化工企业排放的煤烟等就是增加活性氧的最大原因,其中尤其是汽车尾气。调查异位性皮炎病人发生频率显示越是汽车多的城市发生异位性皮炎的几率越大。同时,强烈的紫外线也是增加体内活性氧的重要原因之一。随着作为电冰箱冷媒的氟利昂破坏大气臭氧层,地球上的紫外线愈加强烈。

▶异位性皮炎的原因——活性氧、过氧化脂质

▶阿托皮体质缘于角质层保湿功能低下

如下图,皮肤表层有着像坚硬的膜的东西,这就叫角质层,下面有着基底膜。角质层的作用就是保护皮肤,同时起着维持皮肤湿度的作用,就是通常所说的保湿作用。

所谓阿托皮体质就是指这角质层的保湿作用先天性低下。这种体质的人皮肤干燥,反复发生干燥性皮炎,以至发展成异位性皮炎。据最近的研究,异位性皮炎患者保湿作用低下的原因就是角质层缺乏酵素或缺少某种脂肪所致。虽然这种看法不无道理,但平心而论,人类至今没有弄清楚异位性皮炎病人的角质层保湿作用究竟是怎样降低的。

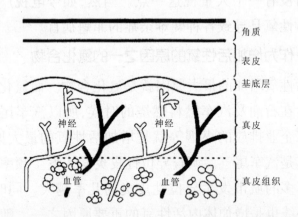

①活性氧

活性氧为生成于担负处理钻入人类和动植物体内异物质任务的食细胞,起着融化细菌或病毒作用的重要物质。可是,由于各种化学物质、食品添加物等造成的环境污染或紫外线等作用,体内活性氧过剩,就会攻击和损伤自身细胞或组织,而且还要同体内的不饱和脂肪酸反应,生成万病之源的过氧化脂质。

②过氧化脂质

过氧化脂质是体内脂肪同活性氧反应生成的物质。与活性氧产生后很快消失相反,过氧化脂质一经产生就会滞留在体内,诱发各种疾病。譬如,堵塞了脑血管,血流就会停止,造成脑血栓,钻进血管壁,就会使血管变细,引发脑出血,粘在水晶体形成薄膜,则会引发白内障。

③SOD

所谓 SOD(super oxide dismutase)是为了消除体内过剩的活性氧保护健康的一种酵素(酶)。体内 SOD 数值越低,发生各种疾病的几率越大。SOD 根据每一个体的体质和特点,体内的分量稍有差异,而且不能再生,所以大都以 40 岁为界,其功能要逐渐退化。虽然尚不能合成与体内的 SOD 一模一样的物质,但是如果通过和 SOD 起着相同作用的物质(SOD – like products)提高 SOD 的效率,就能有效地防治各种疾病。(维生素 C、E、茶叶、β 胡萝卜素、萝卜芽、麦芽、维生素 E、鞣酸、丹羽纳(丹羽勒负博士专利品))

十四、木炭和竹盐的还原水清洁肠道——消除宿便,减肥有特效

用炭粉和竹盐能够消除宿便,清洁肠道,对减肥也有特效,而且还能改善体质。这里木炭也占据着举足轻重的位置。不幸得很,我们现今生活在吃、喝、呼吸均被污染的环境中,特别是通过饮食,要在不知不觉间摄取残留农药、抗生素、重金属、防腐剂、人工调料、香辛料和各种色素,加上不正确的生活习惯和饮酒过量、摄食过多、过度摄取肉类等原因,毒素的体内积淀将不可避免。为了从铺天盖地而来的污染和有毒物质中保住我们的身体,不能不依靠木炭出类拔萃的排毒功效。

木炭的特点就是具有卓异的吸附力。它会吸附体内有毒成分排出体外,起到解毒作用,从而能够激活肝脏和肾脏功能,营造清洁的肠内环境。而且,炭粉还能吸附和排出久久滞留在肠内的腐败的蛋白质或脂肪残渣、粘在肠壁上的酸性腐败便、腐败气体等,消除宿便、清洁肠道,恢复肠功能。这样有益的养分就能得到供应,血液得到净化,体质得到改善,能够有效地减肥,打造充满活力的健康体魄。

有道是皮肤为内脏的镜子,内脏干净了,皮肤自会光滑润泽。换句话说,肠内胀满腐败的粪便和气体,就会生成有毒气体、致癌物质、血液变稠,引发各种疾病。所以有人说"肠为万病之源",可见清洁肠道是多么的重要。

竹盐也是由来已久的民俗药品,是将食盐装进竹筒里反复烧制而成,用来治疗消化不良等。竹盐受潮水和海底矿物质的影响含有大量独特药物成分,由海盐中的核砒素(砒霜成分)和竹子含有的硫磺成分合成而成。

竹盐可说是包治百病的灵药,从眼病、耳病、胃病、轻微的外伤到严重的癌症,是对人体几乎所有的疾病有着不可思议的疗效的理想食品药物。据说,核砒素只含有在产于我国西海岸的天日盐里。

核砒素为带有砒霜般可怕毒性的物质,过量了会置人死地,可是适量摄取则可成为救活人命的灵丹妙药。

将这种天日盐装在竹筒里,通过绝妙的热处理,烧9次,消除有毒成分,增强药性,就成为竹盐。竹盐的主要功效有解毒、净血、消炎和止血、利尿、解热、驱虫、强壮筋骨、消除疲劳、补充盐分、排出废物等作用。

▶服用方法

取炭粉和竹盐各3g,用一杯水(啤酒杯)稀释,早晨空腹服3次,每次相隔5分钟,就会有排便感。(共计炭粉9g,竹盐9g,3杯水)此量可根据体质适当增减。

水要尽量喝得足一点,喝完切不要坐在椅子上或地板上,可做伸曲膝盖运动、轻微的体操或用手拍打丹田。

虽然因人而异,通常这样做会在5~8分钟后产生3次左右的便意,到卫生间方便,就会痛痛快快排出乌黑的稀便。不同于通常的腹泻,不会感到疲软无力,反而会感到身轻气爽。早晨不要吃饭,假如熬不住,可以吃点苹果。这样坚持一个星期左右,就会见大效。竹盐最好要用前面提到的用西海岸天日盐烧9次而成的竹盐。假如使用一般的食盐,患有肾炎、膀胱炎等人有着浮肿的危险,所以绝对不要用含有重金属和不纯物质的一般食盐。这样排除了宿便,清扫了肠道,血液就会净化,皮肤变透明、白润,有效地减少头痛、腹胀、皮肤过敏和便秘。当然,体重也会减少,达到减肥目的。

肥胖其实也缘于某种体内毒素,通过解毒、排除宿便、清扫肠道,就会解除万病之源。脂肪积累形成肥胖,也是一种体液氧化,成为酸性体质的现象,所以用带碱性的炭粉和竹盐清扫肠道,也有助于改善体质。用ORP测定器测定稀

释炭粉和竹盐的水,就会发现它转换为强力的还原水。这一现象有助于我们理解木炭和竹盐神秘的力量。

结束了肠道清扫过程,就可以以抗酸化食品和纤维质食品为中心改善饮食,促进肠蠕动,保持没有宿便的健康生活。

▶消除宿便能够解除的症状

肥胖、异位性皮肤炎、湿疹、疖子、哮喘、糖尿病、高血压、心肌梗塞、脑梗塞、头痛、肝病、慢性肾炎、癌症、老年性痴呆、类风湿、腰痛、肩周炎等。

十五、药用炭防治牙周疾病

我们的牙齿对身体起到的作用该是有目共睹的,而且大多数人可能都有亲身体会,小小一颗牙齿疼起来可是让人备感痛苦的,正如俗话所说,"牙疼不是病,疼起来要命"。笔者深知这一点,遂多年潜心研究能够防治牙周疾病的木炭疗法,终于在传统药法的基础上添加必要的药用炭,研制出专门用于刷牙的"药用炭牙粉",经200多人木炭联谊会成员试用,反映良好。此牙粉系笔者生平最引以自豪的发明之一。此炭粉需配合一般的牙膏一起使用,先挤出少许牙膏放在牙刷上,然后沾上适量炭牙粉使用即可。一开始可因冒出来的黑灰色牙膏沫感到少许不快,但一旦刷完,即感口腔清爽。当然,最大的功效是能够预防和治愈各种口腔疾病。其主要成分为茄柄炭,配以活性炭、竹盐和柿叶粉等制成,其功效原理如下。

▶药用炭牙粉防治牙周疾病的原理

可用木炭无数多孔体的出色吸附力消除牙龈的有害细菌和腐败物。

木炭还可使牙膏中的液体分子微细化,加强清洁牙齿各个角落的能力。

还可吸附和消除牙齿或牙龈、口腔的臭味或尼古丁,清洁口腔。

木炭散发的远红外线能够渗透进牙龈深处,促进血液循环。

还发生负离子,中和牙周疾病和腐败物质散发的阳离子,活化细胞。从木炭中溶解出来的矿物质成分对牙龈和牙齿起到防氧化作用。

竹盐可防止所有物质的腐败,可对牙龈和牙齿起到杀菌作用。

木炭的研磨功能可使牙齿美白。有如用炭灰擦拭器皿可使其光亮的原理,用不着担心会把牙齿刷黑。

柿子叶的鞣酸成分会防止牙龈细胞的氧化,并能促进细胞再生,从而能加速牙周疾病的恢复。

◆药用炭牙粉

第十章

药材炭疗法

一、对药材炭的理解

前面已提到,第九章炭粉疗法所用的炭是指正被当作民间疗法广为服用的木质系的松木炭粉和美国、欧洲等应用的活性炭系的药用炭或允许食用的活性炭粉等。而本章将要提及的药材炭疗法则是指主要根据素材药性的,通过多年反复使用其药效业已得到证明的数百种炒制、烧炙或炒黑的药材,中国谓之为"炭"、韩国《东医宝鉴》称为"灰",日本则叫做"黑烧",本书为叙述方便,将统称为药材炭。

本章主要介绍中国现代实用医药书籍所载各种药材炭,同时介绍了日本、韩国民间药书中颇有权威性的著作小泉荣次郎的《黑烧的研究》所载药草,包括草木根、兽骨、鸟类、昆虫、鱼类、贝类、蔬菜瓜果、海藻类、竹子和人的头发等数百种药材炭疗法。

可惜的是随着各种强力抗生素的不断问世,上述的药材炭疗法在韩国和日本等地已销声匿迹,只是几个孤独的医学专家在坚持着挖掘和研究,以抵抗不断加剧的化学制品的危害。在日本服用木质系的松木炭或活性炭的民间疗法也几乎消失。

可是在韩国,尽管药材炭疗法已无处可觅,但服用松木炭粉和活性炭的民间疗法的人数却在不断增加。这既是多

年继承下来的民间疗法的发扬光大,也是因为吃喝皆为毒的当今时代的反映。

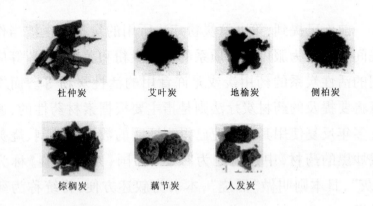

杜仲炭　　艾叶炭　　地榆炭　　侧柏炭

棕榈炭　　藕节炭　　人发炭

中国的药方至今常见药材炭入药,有些处方甚至同时使用两种炭。本章介绍的药材炭疗法以材料的购入、炭化和使用较为简便为原则。但是要明白,药材烧炙成炭是一个专门化的工程,它同材料的采集时期、干燥状态、炭化温度、炭化状态和服用量密切相关,所以制作和服用时一定要注意。

二、中国实用中药学中的药材炭疗法事例

下面介绍一下载在中国《现代实用中药》中的代表性的药材炭。

小蓟炭(小蓟):为菊科植物刺儿菜的地下茎。(可做止血、解毒药)

大蓟炭(大蓟)：为菊科植物大蓟的根。（常用为止血药及外科药）

大黄炭(大黄)：为蓼科多年生草本植物掌叶大黄的根和根茎。根茎肥大，色黄，可入药。

山楂炭(山楂)

丹皮炭(牡丹皮)：牡丹根的皮，可调经，清热凉血，活血散瘀。

乌梅炭(乌梅)：为蔷薇科植物乌梅的近成熟果实，去皮后用稻草烟熏晒干后备用。（用于腹泻、咳嗽等）

石榴皮炭(石榴皮)：用石榴皮烧制。

生地炭(生地黄)

防风炭(防风)：为伞型科多年生植物防风的陈年根。

地骨皮炭(地骨皮)

地榆炭(地榆)

血余炭(人发)：人的头发。

杜仲炭(杜仲)：杜仲科的落叶乔木。

陈棕炭(棕榈炭)：椰子科的常绿乔木棕榈树。

贯众炭(贯众)：为鳞毛蕨科植物，生长在深山小溪旁。

侧柏炭(侧柏叶)：为侧柏树的叶子，可补血、止血、收敛。

茜草炭(茜草)：为茜草科植物茜草的根。

荆芥炭(荆芥)：为唇型科一年生草本植物荆芥的地上部分。用于多种产后疾病。

神曲炭（神曲）

桔梗炭（桔梗）

黄芩炭（黄芩）

黄柏炭（黄柏）

蒲黄炭（蒲黄）：为香蒲科水生植物狭叶香蒲。

槐米炭（槐花）：为豆科乔木槐树的花蕾。

槐花炭（槐花）：槐树的花。

藕节炭（藕节）：为睡莲科植物莲地下茎的节。

三、竹子药材炭疗法

▶对痛风、类风湿有特效

竹子自古被认为蕴藏着不可思议的能量。韩方谓之竹茹，为青竹除去外皮后所刮下的中间层，常用于失眠、夜尿和痔疮等。

炮制药材炭，通常将植物、动物等装进耐火容器，阻隔氧气进入，一直烧到不冒烟的程度，炭化而成。韩方中用于疾病和外伤疗法，把药材炭兑水喝，或搽在皮肤上，经常用于临床上。这当然缘于材料一旦烧成炭，会剔除其有害成分，只留下有效成分，从而药效自会提高的关系；但根据东洋医学的同种疗法，作为有节植物的竹子同样有效于人的关节的治疗。

有关报道证明，竹子药材炭有着较强疗效，特别是能够促进引起痛风的尿酸的体外排放,从而减少痛风的发作,还能促进血液循环,温暖身体,抑制类风湿的疼痛,有益于慢性病的康复。

▶**材料**

长度5cm竹子约一把。

▶**制法**

①将竹子按卫生筷子的粗细,切成片。假如是竹茹,就无须切片,直接使用即可。

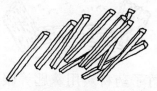

②将用于烹调的铝箔纸叠成3~5层;将切好的竹片放在中央,用力卷好,再把两角折好,予以密封。

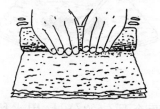

③取铁丝网(用于烹调的即可)架在煤气灶上,将②置在上面,用文火烧烤。

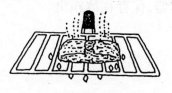

④顷刻,会发现铝箔纸冒烟或迸出火花,照此一直烧30分钟,直到不冒烟为止。

⑤熄火,等其自然冷却,再打开铝箔纸。要是热的时候有可能冒出火花,一定要注意。

⑥将放凉的竹子药材炭用羹匙等碾成粉末,然后再放进粉碎机碾成细粉。

▶服用方式

一天须服一两个耳勺的分量,用水稀释后服下。注意绝对不要把粉末先放进嘴里,再用水送下。剩余的炭粉一定要装进密封容器,保存在冰箱里。

日本许可的食用锭制竹炭

四、茄子药材炭疗法

▶**牙周炎、口腔炎**

用茄子柄烧成的炭,对各种口腔疾病有特效。这是自古传下来的民间疗法,据说是茄柄所含有的色素带有消炎、镇痛作用之故,且加上各种矿物质和药材炭疗法所产生的炭素成分等的综合作用,会产生令人惊奇的药效。

▶**材料**

茄柄5~10个。

▶**制法**

①先将茄柄洗净,在阳光下晒干。茄柄无须单独购买,只须在平常食用茄子时攒下即可。

②将晒干的茄柄用铝箔纸仔细包好,注意一定要密封好,不要使空气透进去。

③煤气灶放上铁丝网,加热后放上包好的茄柄。火的大小以文火或中火为宜。

④过一阵就会冒烟或透出气味,照此烧到几乎不再冒烟,就要熄火,把它放凉。切记在完全放凉后再打开,要是在铝箔纸尚热时打开,茄柄有可能烧成灰烬。

⑤用粉碎机等研成细粉,服用时需掺上等量的天然盐或竹盐。

▶用法

假如是牙周炎,就用牙刷沾上兑好的茄柄竹盐粉,像按摩般来回摩擦牙齿和牙龈。如果是牙龈充血或稍微疼痛的轻微症状,只须擦上2~3次就能显著改善症状。即使是症状较为严重者,只要坚持每天早、午、晚3次擦牙,就能使溃烂的牙龈慢慢复原,大约一周就能见效。

药用炭牙粉

口腔炎也照此每天擦上2~3次,就能镇痛、消炎。假如红肿严重时药材炭含有的盐分会刺激牙龈,需要稍加忍受。因为天然盐中含有的矿物质会增强药效。

五、柚子籽药材炭疗法

这堪称是能使关节疼痛立消,消除炎症或浮肿,使人免遭关节疼痛折磨的灵丹妙药。

——医学博士重野哲宽

世界最权威的医学专著也载有柚子籽的功效。具有丰富的芳香与酸味,能使菜肴或香茶倍添味道的柚子,假如说它还能入药,有人或许觉得不可思议。

可世界公认的医学专著,中国的《神农本草经》明明把柚子等柑橘类归为上等良药,称坚持食用能够增强身心功能。

中国明代著名的药学经典《本草纲目》亦指出:"柚子以清香刺激大脑,令人神清气爽,还促进血液循环,治愈寒症、神经痛、胃痛和宿醉。"还有一句传下来的老古话,就是"冬至泡柚子汤,不会得感冒",也证明古人已明白柚子有益于健康。

柚子籽含有许多消炎、止痛的成分。虽然柚子皮和果肉亦有药效,但最有效果的还是柚子籽,所以最常用于治疗疾病的也是柚子籽。

柚子籽自古广泛应用于各种民间疗法,用来治疗腰痛、膝盖痛、类风湿、神经痛、寒症、尿频、腹泻、便秘和失眠等症状。

据现代医学的研究,亦判明柚子籽含有各种有益于健康的成分。

下面试分析一下其缓解疼痛的成分:

a)柠檬烯、诺米林

柚子籽中含有作为柚子芳香源的柠檬烯和诺米林。这两种成分是柠檬类素化合物的精油成分的一种,具有杀菌、

消炎、镇痛和抗癌等作用。

我们说服用柚子籽治疗类风湿或神经痛,就是因为它的柠檬烯和诺米林具有抑制疼痛、消除肿瘤或炎症,起到缓解和治疗作用的缘故。

b) 茶多酚

柚子籽上还含有带有强烈抗氧化作用的茶多酚。

所谓的抗氧化作用就是排除作为疾病和老化原因的活性氧的作用。其实,这种活性氧同疼痛的发生也大有关系。活性氧会搞乱发生炎症部位的免疫反应,从而无谓地聚集起许多白血球,使得炎症更加恶化。带有抗氧化作用的茶多酚会阻止这一点,起到缓解炎症的作用。

c) 蒎烯、柠檬烯和橘皮苷

这都是形成柚子苦味的"柠檬类素"的成分。蒎烯和柠檬烯具有抑控血液黏稠的作用,而橘皮苷则能使毛细血管柔软和坚韧。柚子籽正是由于这种促进血液循环作用使得患部温暖,缓解关节等部位的疼痛。

假如制成药材炭,上述的功效还要加上木炭的神力,所以能成倍地提高药效。临床上有很多事例反映:"服下柚子籽药材炭,类风湿和神经痛疼痛立消。"

即使烧成了炭,柚子籽本身含有的有效成分也毫无损伤或变化,反而,由于加上了炭的作用,其效应会更加增强。炭有着防止氧化的作用,所以能够抑制产生疼痛或炎症的物质。

柚子籽即使服下去也很难消化，但一旦烧成药材炭并研成粉末，就会有利于消化，从而能够更有效地加以吸收。柚子籽药材炭疗法可谓是增强柚子籽药效的好办法。

柚子对便秘和生活习惯病也有效，可谓浑身是宝，是天然的包治百病的灵药。柚子无论是籽、果肉和皮都含有丰富的清血成分。

配合服用柚子籽炭，摄取皮和果肉，不仅能够缓解疼痛，而且还能对高血压、糖尿病等起到满意的治疗效果。

在柚子上市的时候，尽可能多买一些，制成药材炭，或泡成柚子酒，定能有益于大家的健康，请君不妨试一试。

▶体验事例

消除了关节的疼痛，摆脱了27年的痛苦。服用柚子籽药材炭，仅仅半年就解除了折磨27年的类风湿的痛苦。

——爱媛县藤原美根子（70岁·主妇）

因剧烈的疼痛，几乎站不起来，连工作都干不下去了。

自从27年前患上类风湿，我就开始了没完没了的治病生涯。

1974年，我在一家缝纫工厂上班。有一天，我忽然感到膝部关节发寒，疼痛起来。一开始还只是轻微的酸痛，就没往心里去，以为可能是过度劳累引起的腱鞘炎之类的小毛病。

可是，到医院一检查就得到了类风湿性关节炎的诊断。

随后,疼痛很快波及到胳膊、腿、手脚,并且一直伸展到手指头、脚指头,而且越来越严重。

症状特别严重的是足部脚指头部位,因为这里一疼起来就会失去支撑全身的力量,浑身瘫软站不住。

我还是强忍着,坚持上班,可过了几年连站着不动都觉得疼痛难忍,于是1978年只得放弃了工作。

病情还在加剧,7年后就出现了类风湿特有的症状,手指头、脚指头开始变形。先是手指关节以玻璃珠子大小肿胀起来,关节扭曲,手指头弯曲得伸不直。而足部大拇指处的关节开始突出,后来整个软骨突出,脚背变形得连自己瞅着都害怕。

随着关节的变形,疼痛越来越加剧。都说类风湿冬天好犯,可是我的病却不分寒暑,一年到头疼个没完没了。我只好天天上医院打针,接受治疗,可没等我走到家,药效就已消失,开始了不可忍受的疼痛,而且,长年累月拄着拐杖,用不正的姿势走路,还引发了腰痛。

每天早晨,身子发僵,几乎起不来。只好买来一张床。睡在床上,起床时让身子滚下来,就当是起来了。

手指头也很难弯曲,连扣子都扣不上,别说做家务,连生活都无法自理。折磨我的不仅是疼痛,而是悲惨之极的感觉。

我还是没有放弃,还是挣扎着去医院,并且四处求医。

没想到还真是找到了救星。有一种药服用仅两天就消除了关节的肿胀,这就是柚子籽药材炭疗法。

我听周围的人讲了其药效,并且半年前开始订购加工好的炭粉,并开始服用。

由于不大好服用,我就掺上一点白糖,每天晚上服用大约一羹匙的分量。

没想到服用仅仅两三天就开始见效。首先是僵硬得无法弯曲的手指头开始消肿。这时候疼痛还没有消除,可是仅靠消肿,我就能够确信柚子籽疗法确实有效。果不其然,随着坚持服用,浑身的疼痛也开始逐渐缓解。

这样过了半年,现在连针也不打了,不仅完全不疼了,还能够走动,每天早晚还能牵着小狗愉快地散步呢。

我至今不敢相信,几十年的疼痛竟然靠几个月的吃药就缓解了。我怎能不感谢柚子籽药材炭疗法呢?只是惋惜假如能早几年知道该有多好。要是有人像半年前的我饱受类风湿的折磨,而求医无门,我真想告诉他们神奇的柚子籽疗法。

▶医学博士重野哲宽的忠告

类风湿不是一种病名,而是关节并发炎症和疼痛的症状的统称。很多情况下发病原因并不明确,而且现代医学尚未找到确切的疗法。

柚子籽药材炭疗法是由来已久的治疗类风湿的民间疗法。不仅是前面提到的藤原女士,有许多事例报告用柚子籽治好了类风湿,消除肿胀,解除了疼痛。

柚子籽是纯天然品,毫无副作用,而且能够同医院开的

药物同时服用。我恳切地奉劝饱受类风湿折磨的病人务必试一试。

▶柚子籽药材炭疗法问答

医学博士重野哲宽

问:柚子籽药材炭是否有不宜服用之人?

答:因为是食品,什么人都可以服用。

问:那么一天的服用量应该是多少呢?

答:早晨、中午和晚上吃饭之前服用一小羹匙就行。想要止痛,可以稍稍增加服用量,而且,兑在茶水等饮料服用,其效果也不会变。

问:柚子籽药材炭有没有副作用?

答:因为是天然品,没有什么副作用。只是一次服用几羹匙是不可取的,因为根据不同的体质有可能发生"冥眩反应"(因为太有效而使得症状恶化)。

问:我们常听说烤糊的食品含有致癌物质,药材炭疗法无碍吗?

答:药材炭疗法是限氧状况下烧制的,跟平常的烤糊不一样,不会含有什么致癌物,而且,柚子籽本身也并不含有可产生致癌物质的蛋白质。

问:那效果会怎样呢?

答:效果有个体的差异,不能简单地概括为"服用几天生效"。可是,根据服用者的经验,一服下即见效的情况也很多。我奉劝大家,即使不能立即见效,也要坚持服用一段时间,最少要坚持 3 个月。只要坚持下去,总会有效的。像这样的药用食品贵在坚持服用。

▶柚子籽药材炭制法

▶材料

柚子 3 个(约 3 日分量)、长柄平锅、铝箔纸。

①取籽

将柚子切开,取出柚子籽,然后用铝箔纸包好。

②取出来的籽用不着水洗,摊在铝箔纸上用两层纸包上即可。用中火烧制。

③放在平底锅里，烤上大约1个小时。用中火慢烤，烤完后会变成深褐色。等放凉了研成粉。

④熄火、放凉后用石臼等碾成细粉。

⑤加工好的炭粉要保管在密闭容器里。

一次制成的炭粉要在1个月内服用完毕，一次服用半羹匙，1天服用3次即可。

六、昆布药材炭疗法

哮喘和气管扩张引起剧烈咳嗽和咯痰时可采用昆布药

材炭疗法,也可以用于肠炎等。

——仁志天映,51岁,治病好去处"天心"代表

我曾经是病包子,一直到40岁总是病病殃殃的。到41岁找到了饮食养生法,才算恢复了健康。我的最大收获是"东方不亮西方亮",多亏对现代医学绝望,才体会到日本自古以来的传统疗法的优秀性。昆布疗法也是其中之一。

第一次生大病是小学三年级的时候。我患上结核,住了3个月医院。现在想起来其原因该是白米和白糖的过量摄取。我出生在新潟农家,每天吃大米快胀破肚子。由于吃得太多,几乎到了患上慢性胃炎的程度。

19岁那年患上腰椎间盘突出,致使一年不能走路。虽然住了40天医院,只是做一些牵引疗法,服一些镇痛药,只好在没能解决疼痛的情况下出院。后来又经过按摩和针灸等治疗才能勉强走路。

从19岁那年开始,饱受了痔疮的折磨。一年365天都要塞上栓剂。好在31岁那年用绝食方法恢复了肠功能,治好了痔疮。

26岁那年虽然当上了教师,但因为负担过重,摄食过多,患上了糖尿病。因为消渴每天都要喝上5公升以上的水,夜里也要每隔半小时去一趟卫生间。虽然浑身疲惫不堪,但还要因为陪客喝得酩酊大醉,一周至少要醉上5天。在几乎支持不住,要病倒的当儿,为了活命开始求助于饮食疗法。

昆布药材炭疗法会拉紧松弛的黏膜。当我否定至今为止的饮食习惯，开始实践糙米为主的正食理论时，开始深深体会到自古代代相传的昆布药材炭疗法的真正的价值。

昆布药材炭疗法属于碳素系的阳性食品，有消除阴性之害的作用，尤其对哮喘有着显著的效果。

只要服下一节指头大的昆布药材炭，就能消除严重的咳嗽和痰。

哮喘一般是由于过度摄取甜食、果汁和生蔬菜，致使血液浑浊，支气管黏膜衰弱，引起软弱或松弛，而出现种种症状。

昆布药材炭疗法有着矫正支气管松弛的作用，假如能跟藕节炭粉一起服用，因藕节也有着收缩作用，将更为有效。

而且按经络学说，肺和大肠同属一个经络，肺部羸弱的原因大都起因于肠。昆布药材炭疗法有着出色的健肠作用。

只是服用一定要选择哮喘发作的间歇期。因为发作期服用有可能引起气管发紧，所以发作期应服用莲藕汤。

我虽然不是哮喘，但由于自幼暴饮暴食，极度损坏了肠子，加上陪客喝了太多的酒，肠部的衰竭影响到肺，致使痰盛咳嗽。

可我没有服药，只依靠昆布药材炭和藕节炭粉。昆布药材炭都是手工制作的。我采用浸湿韩纸，蒙在平锅上，慢慢烤干的方式,这样还能防止冒烟。

然后将加工好的昆布药材炭和藕节炭粉以3∶7的比率加以混合,保存在密封容器里,作为家庭常备药。即使是常温保存,也不易潮湿或发霉,可望长期保存。

将上述炭粉用淀粉纸包成拇指一节手指大,空腹时用热水送下,不出3天因感冒引起的咳嗽、咽喉肿疼和痰盛等症状都能改善。

▶仁志式昆布药材炭制作法

①尽量选择上等的昆布,大约6cm×30cm即可。用剪子剪成2cm长备用。

②将昆布放在长柄平锅上。

③用浸湿的韩纸蒙住平锅,悉心加以密封,注意不要直接触火。

④盖上锅盖,不时地晃动平锅,用文火烤20分钟左右。

⑤揭开盖,昆布会烤黑、发脆。

⑥将烤好的昆布放入石臼,轻轻捣成粉末。

⑦昆布药材炭制成(30cm长的昆布)。以藕节炭粉7,昆布炭粉3的比率混合好,用密封容器妥善保管备用。

▶体验事例

几乎无法呼吸的严重哮喘,服用4个月见效

——荒木裕司,横滨市,51岁,公司职员

因患严重哮喘四处求医,可未能阻止发作。记得突然发作哮喘型的咳嗽是在8年前。那之前,我从未得过什么病,每逢假日还要打篮球、棒球,自信身体棒棒的。没想到毫无征兆突然发生剧烈的咳嗽。仔细想起来,20岁的时候曾经因为感冒导致哮喘似的咳嗽,卧床病过几天,没想到相隔长长30年又来折磨我。

咳嗽通常要在晚上刚刚躺下的时候骤然发作。身体暖和了就开始咳嗽,连连咯痰止不住。咳着咳着连喘气都困难,憋得好难受。

这种症状每逢换季或阴雨天总要加剧,每次都把我折腾得死去活来。

我不知换过多少医院,直到朋友介绍了采用饮食疗法的仁志先生,才算见到一缕曙光。

听说昆布药材炭粉掺上藕节炭粉服用能见效,我在7个月前开始服用药材炭粉。照仁志先生的制法,制成药材炭粉,药材炭由妻子亲手制作。同时改变饮食习惯,一年到头堵在胸口的痰突然消失得无影无踪,真是阔别好多年尝到身轻气爽的感觉。

此后再也没有发作,连医院的药也不吃了。年年雨季是我的难过的日子,可今年却舒舒服服地安然度过了雨季。

我也听说过昆布炭粉对哮喘有效,可做梦也没有想到竟有这样的奇效。要是能够安然度过今年冬天,就算放心了。我想吃糙米、改变饮食习惯也起到了一定作用。

▶ **医学博士鹤见隆史的忠告**

昆布炭粉究竟怎样治疗哮喘,目前尚无科学的解释。

可是我们不妨这样想：诸如哮喘的过敏反应通常要发生在阴性体质的人身上，所以采用经炭化变成阳性的昆布炭粉，调整阴性体质。昆布炭粉和藕节炭粉还有着紧缩因病松弛和无力的支气管黏膜的作用。

▶ **体验事例**

因支气管哮喘服用仅3天，就无须再服药

——高野幸子，宫城县，38岁，主妇

按规定的量制成葛粉汤，连小孩子都能服用。我儿子今年5岁，大约在1岁8个月的时候起患上了小儿哮喘。

当时得了流行性感冒，鼻炎持续了3个月，就开始剧烈地咳嗽起来。那咳嗽咳起来就没完没了，有的时候整夜整夜地睡不着。咳起来就要吐，只得反反复复住院又出院。即使出院在家，也要每天到医院打针。现在想起来，因变应原（引起过敏的物质）鸡蛋白和住宅的粉尘等，我们的饮食生活也问题多多。怀孕的时候听从营养师的劝告，天天摄取鸡蛋和牛奶，给孩子吃的也是鸡蛋和牛奶，可能是不知不觉中把孩子变成哮喘体质的吧。

去年5月在附近的天然食品中心接受了改善过敏性体质的改变饮食习惯的教育，幡然大悟，现在开始食用7成糙米和蔬菜。同时听从他们的劝告，开始让孩子喝昆布炭粉汤。

每天给孩子吃大约一耳勺的炭粉，没想到3天就止住了哮喘的发作。

昆布炭粉采用了天然食品中心出售的制品,同时服用了同样有利于呼吸器官的藕节炭粉。

平常喝昆布炭粉1,藕节炭粉9的比率,发作厉害时则改为昆布3,藕节7。取小锅放一小羹匙上述炭粉,兑上一羹匙葛粉,加水一杯,用文火熬成葛粉汤。熬完保持适当的温度,吃饭的时候让孩子喝葛粉汤。

没想到竟有奇效,刚刚三天就止住了发作,此后再也用不着吃药,孩子也平平安安的。"古人的智慧真是了不起哟",这是我由衷的赞叹。

第十一章

应用木炭功效的产品

柞木炭垫子

负离子800炭枕(荣获发明奖)

负离子800炭枕

柞木炭枕

炭垫（汽车用）

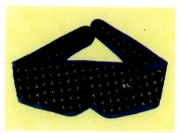
炭眼带

炭护颈带

炭口罩

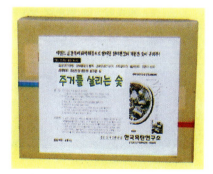
室内空气净化炭（白炭10kg、20kg）

炊事、净水用（备长炭）

第十一章 应用木炭功效的产品 ◆

阻隔电磁波、净化空气用（备长炭）

车用、洗浴用炭

药用炭

药用炭（颗粒）

食品添加物炭粉（颗粒）

民间疗法炭

刷牙炭

健康辅助食品炭粉胶囊（美国）

竹炭食用炭（日本）

活性炭粉末

饮用木醋液（280、500ml）

木醋液（日本米道里制药100ml）

第十一章 应用木炭功效的产品 ◆

竹醋液

防脱发竹醋喷剂

木醋液

花草用木醋液

安心项链（备长炭）

妇女子宫清洁球（备长炭）

电磁波项链（备长炭）

尿失禁运动球（备长炭）

炭念珠、合掌珠（备长炭）

炭项链（备长炭）

炭手镯（丹珠）

炭针（备长炭）

第十一章 应用木炭功效的产品◆

竹树液足贴

参考文献

岸本定吉. 炭, 木酢液の利用辭典 [M]. 東京：東京(株)創森社, 1997
岸本定吉. 灰の神秘 [M]. 東京：東京(株)DHC, 1995
岸本定吉. 木酢液の神秘 [M]. 東京：東京(株)DHC, 1996
大槻彰. 木炭パワーで住原病を防ぐ [M]. 東京：東京(株)健友館, 1997
大槻彰. 木炭エネルギー健康法 [M]. 東京：東京廣濟堂出版, 1997
大槻彰. 白炭生活革命 [M]. 東京：東京 BEST SELLERS 出版, 1997
井戸勝富. 健康の秘訣は電子にあった [M]. 東京：東京かんき出版社, 1997
辻源七. 木炭パワー健康法 [M]. 東京：東京ごま書房, 2001
堀口昇, 野井昇. マイナスイオンが醫學を變える [M]. 東京：東京(株)健友館, 1999
山野井昇. マイナスイオンの健康法 [M]. 東京：東京(株)サンロード, 1997
牧肉泰道. 木炭パワーでなおる [M]. 東京：東京(株)リーブル, 1998
牧肉泰道. 木炭パワー超健康法 [M]. 東京：東京日本文藝社, 1999
能登春男, あきこ. 住まいの汚染度安全チユック [M]. 東京：東京(株)情報センタ出版局, 1997
天野彰. 健康住宅の建て方, 住み方, 選び方 [M]. 東京：東京かんき出版, 1997
菅原明子. マイナスイオンの秘密 [M]. 東京：東京 PHP 研究所, 1998
秋月克文, 大槻彰. 木炭パワーのすべて [M]. 東京：東京(株)青龍社, 1999
澤本智惠子. 木炭パワーで健康革命 [M]. 東京：東京主婦と生活社, 1998
中原英臣, 佐川峻. いま電磁波が危ない [M]. 東京：東京(株)サンロード, 1996